NHK
취미 원예 강좌
시리즈

장미
키우기

NHK 출판사
엮음

박유미
옮김

일본어판 감수
가와이 다카시

한국어판 감수
박석곤

일러두기

일본의 지명은 원서를 따랐습니다. 본서에 언급되는 장미의 관리 시기 기준은 도쿄 등의 간토(関東) 지역입니다.

이곳은 우리나라 전남, 경남 해안 지역과 기후가 비슷하여 본서의 기준을 따라도 무방합니다.

단, 경기도 등의 중부지역은 겨울철이 더 춥고, 건조하므로 이에 대한 대비 관리가 더 필요합니다.

지역별 기후 특성에 따른 장미 관리법은 농업기술원이나 편집부로 문의하시기 바랍니다.

차례

장미를 가꾸는
행복한 시간으로
여러분들을 초대합니다!

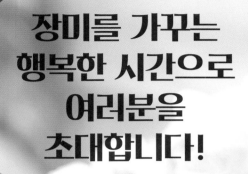

마당에서 기르는 장미로도
이렇게 멋진 꽃다발을 만들 수 있습니다.
장미를 가꾸는 일이 어려워 보이고
무엇부터 시작해야 좋을지
모르겠다는 분이라도 괜찮습니다.
지금부터 함께 장미 재배를 시작해봅시다.

아름다움과 재배의 용이성을 겸비한 장미

'장미는 재배하기 어려워'라는 선입견이 있으신가요?
하지만 그건 옛말입니다.
최근 수년 동안 장미는 눈부시게 진화해서, 아름다우면서도
쉽게 재배할 수 있는 품종이 계속 등장하고 있습니다.
이제 조금만 노력을 기울이면 일상 속에서
쉽게 장미를 즐길 수 있습니다.
장미는 색채의 변화가 다양하고, 향기를 즐길 수 있으며,
사철 개화성이라면 봄부터 늦가을까지 꽃을 피운답니다.
자, 누구나 꿈꾸는 장미와
함께하는 생활을 시작해볼까요!

다채롭고 다양한 장미꽃

흑진주

블랙 티(Black Tea)

이브 피아제(Yves Piaget)

해피 루비 웨딩(Happy Ruby Wedding)

더블 딜라이트(Double Delight)

아이즈 온 미(Eyes on Me)

카프리스 드 메이앙(Caprice de Meilland)

바이올렛 퍼퓸(Violette Perfume)

마미 블루(Mamy Blue)

장미는 정말 다양하게 변화하는 식물입니다. 꽃 모양과 꽃 색깔만으로도 이토록 많은 모습이 있고, 한 송이 안에서도 색깔과 꽃잎의 형태, 모양이 다양하게 공존합니다. 일본 시장에서 유통되는 장미의 품종은 약 2,500종 이상이니, 누구나 좋아하는 종류를 찾을 수 있을 것입니다. 꽃 모양에 관해서는 대개 각 모습에 대한 명칭이 있으므로 용어를 기억해두고 마음에 드는 장미를 찾아볼까요?(용어 해설은 10~11쪽 참조)

하이디(Heidi)

위스키 맥(Whisky Mac)

월러튼 올드 홀(Wollerton Old Hall)

디 임포스터(The Imposter)

파이어웍스 러플(Fireworks Ruffle)

덴텔 드 말린(dentelle de Malines)

클로드 모네(Claude Monet)(일본 생산)

슈퍼 그린(Super Green)

재클린 뒤 프레(Jacqueline du Pré)

장미의 풍부한 향기

장미의 매력 중 하나는 '향기'입니다. 장미는 다른 식물에서는 볼 수 없을 정도로 많은 품종과 다양한 향기를 가지고 있습니다. 그 이유는, 장미는 몇 가지 원예 품종이 복잡하게 교배되어 만들어진 것이기 때문입니다. 그리고 그 강건성과 아름다움에서도 다른 식물과 분명하게 구별됩니다.

로즈 퐁파두르(Rose Pompadour)

다마스크(Damask) 계열

장미가 가진 대표적인 향으로, 화려하며 강한 달콤한 향이 난다. 서양 장미에서 유래했으며, 장미향이 나는 제품이라고 하면 대부분 이 향기를 풍긴다.

안젤리카(Angelika)

프루티(Fruity) 계열

복숭아나 사과처럼 과일을 연상시키는 향기. 진한 느낌부터 상쾌한 것까지 품종에 따라 다르다.

블루 퍼퓸(Blue Parfume)

블루(Blue) 계열

달콤하고 산뜻한 향기. 블루 로즈에서 흔히 나는 향이라서 이렇게 불리며, 우울해지는 향은 아니다.

데인티 베스(Dainty Bess)

스파이스(Spice) 계열

정향(clove)을 연상시키는 향으로, 주위로 잘 퍼져나간다.

생토노레(Saint-Honoré)

아니스(Anise)계열

허브 중 아니스를 닮은 독특한 향으로, 사람에 따라 호불호가 크게 나뉜다.

우쓰세미(空蟬)

티(Tea) 계열

갓 개봉한 홍차 같은 고급스럽고 상쾌한 향. 향이 약해서 잘 느끼지 못하는 사람도 있다. 동양의 장미에서 유래한 향이다.

※ 향기의 분류는 국제적으로 통일된 것이 없고 국가나 제조사 등에 따라 다릅니다. 일본에서는 시세이도(資生堂)가 실시한 분류를 기준으로 하는 경우가 많으며, 이 책도 대체로 그에 따랐습니다.

장미의 수형(나무 모양)은 3가지 타입

장미는 나무 모양에 따라 크게 3가지로 구분할 수 있습니다. 수형은 각각 특징이 있어 각각 적합한 재배법이 다릅니다. 이 책에서 설명하는 연간 재배법은 기본적으로 전체 품종에 공통되는 사항이지만, 겨울철 가지치기나 유인 방법처럼 수형에 따라 달라지는 것도 있습니다.

엔젤 페이스(Angel Face)

레드 메이딜란드(Red Meidiland)

수리르 드 모나리자(Sourire de Mona Lisa)

직립장미(Bush Rose)

주요 특징

• 기본적으로 완전한 사철 개화성이다.
• 자연스러운 수형으로 자립한다.
• 수형은 직립성부터 횡장성(橫張性)*까지 다양하다.
• 봄철 개화기에는 반덩굴성과 비슷해 언뜻 구별하기 어려울 수도 있다.

반덩굴장미(Shrub Rose)

주요 특징

• 사철 개화성부터 한철 개화성까지 종류가 다양하다.
• 직립성과 덩굴성의 중간 정도로 자란다.
• 수형은 직립성과 횡장성, 포복성이 있으며, 그중에는 작지만 알차게 생육하는 것도 있다.
• 봄 개화기에는 직립성과 차이가 별로 없지만 가을에는 대체로 가지가 길게 뻗는다.

덩굴장미(Climbing Rose)

주요 특징

• 사철 개화성부터 한철 개화성까지 종류가 다양하다.
• 가지가 길게 뻗어 스스로 설 수 없기 때문에 기본적으로 구조물로 유인해야 한다.
• 새순이 뻗어가는 방법은 직립성부터 횡장성, 땅을 기어가는 포복성도 있다.

● 횡장성: 옆으로 자라는 성질.

장미 재배 용어집

장미 재배와 관련해 이 책에 실린 주요 용어와 장미 각 부분의 명칭을 소개합니다. 참고해서 읽어주세요.

개화의 특성

✱ 사철 개화성
봄에 피고 난 후 뻗어 나온 가지 끝에 규칙적으로 반복해서 꽃이 피는 것. 봄에 최초로 피는 꽃을 일번화(一番花), 그 이후에 피는 꽃을 이번화(二番花), 그다음을 삼번화(三番花)라고 한다.

✱ 반복 개화성
봄에 일번화가 핀 이후 뻗어 나온 가지 끝에서 부정기적으로 꽃이 피거나, 꽃이 피기는 하지만 개화할 때까지 긴 시간이 필요한 것.

✱ 한철 개화성
봄에 1회만 꽃이 피는 것.

꽃이 피는 방법

장미는 꽃 모양이 다양한데, 꽃잎의 매수로 분류하면 홑꽃(싱글, 5~8매), 반겹꽃(세미 더블, 8~20매), 겹꽃(더블, 20매 이상)으로 구분되며, 겹꽃은 다시 꽃잎의 형태와 옆에서 본 모양에 따라 분류된다.

꽃잎의 형태

✱ 뾰족 꽃잎
꽃잎이 바깥쪽으로 휘어지고 끝이 뾰족한 모양이다. 둥근 꽃잎과 뾰족 꽃잎의 중간 정도를 둥근 삼각 꽃잎이라고 한다.

✱ 둥근 꽃잎
꽃잎이 바깥쪽으로 휘어지지 않고 끝이 둥근 형태를 말한다.

✱ 물결 꽃잎
꽃잎의 끝이 물결치는 모양을 말한다.

옆에서 본 모양

✱ 우산형(high-centered blooms)
옆에서 보면 삼각형이며, 가운데 꽃잎이 높게 서 있는 모양이다.

✱ 편평형(flat blooms)
옆에서 보면 꽃잎이 편평하게 펼쳐진 모양이다.

✱ 로제트형
옆에서 보면 편평하고 꽃잎의 개수가 많으며, 바깥쪽보다 안쪽의 꽃잎이 적고 가지런히 늘어서 있는 모양이다. 로제트형 중에서 심지가 여러 개로 갈라져 보이는 것을 '쿼터 로제트형'이라고 한다.

✱ 찻잔형
옆에서 보면 차를 담는 찻잔 모양으로 보이므로 깊은 것을 깊은 찻잔형, 얕은 것을 얕은 찻잔형이라고 한다. 꽃잎 수가 비교적 적고 꽃 심지가 보이는 것을 열린 찻잔형이라고 한다.

그 외

✱ 구형(globular blooms)
꽃잎이 양배추처럼 중심을 안고 있어 꽃의 심지가 보이지 않는 모양이다.

✱ 폼폰형(pompon blooms)
주로 작은 꽃잎이 많이 모여 둥근 공처럼 피는 모양이다.

각종 용어

✱ 수세(樹勢)
나무가 자라나는 기세. 생육하는 힘.

✱ 자연 수형
뻗어 나온 가지를 인위적으로 유인하지 않고 만든 것.

✱ 밑나무(대목)
접을 붙일 때 바탕이 되는 나무.

✱ 접붙이기(접목)
밑나무에 재배종 장미의 싹이나 접수(접가지)를 이어서 새 개체를 만드는 번식법.

✱ 접착면
접가지와 밑나무의 결합 부분. 그루터기에 있다.

접목한 재배 품종에서 뻗어 나온 싹

접착면

밑나무 (대목)

위의 분류에 해당하지 않는 꽃 형태도 있다.
사진은 꽃의 형태가 복잡한 '차차(茶茶)'.

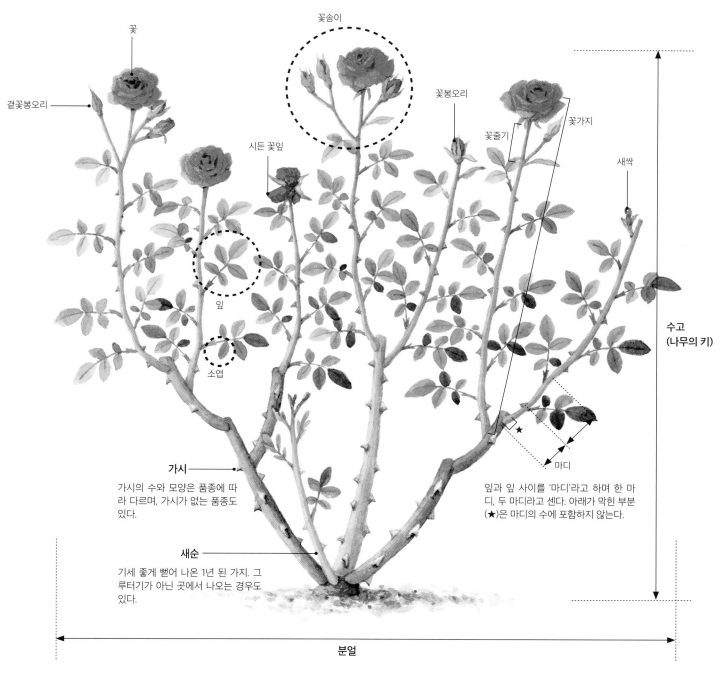

꽃

꽃송이

곁꽃봉오리

시든 꽃잎

꽃봉오리

꽃줄기

꽃가지

새싹

잎

소엽

수고
(나무의 키)

가시

가시의 수와 모양은 품종에 따라 다르며, 가시가 없는 품종도 있다.

마디

잎과 잎 사이를 '마디'라고 하며 한 마디, 두 마디라고 센다. 아래가 막힌 부분(★)은 마디의 수에 포함하지 않는다.

새순

기세 좋게 뻗어 나온 1년 된 가지. 그 루터기가 아닌 곳에서 나오는 경우도 있다.

분얼

작업 용어

✻ 순 따주기(적심)
부드러운 가지 끝을 손으로 잘라서 발육을 촉진하거나 가지의 수를 늘린다. 개화를 조절하는 작업.

✻ 가지치기(전정)
수형을 정리하거나, 너무 많은 가지를 정리해서 줄이거나, 불필요한 가지를 잘라내는 작업.

✻ 유인
정해진 자리에 가지를 배치해서 끈으로 묶어 수형을 정리하는 작업.

✻ 임시 유인
본격적인 유인과는 별도로 작업성을 좋게 하거나, 가지가 부러지는 것을 방지하기 위해 임시로 묶어두는 작업.

✻ 뿌리 감김
뿌리가 화분 속으로 너무 뻗쳐서 물이나 비료 등이 물리적으로 제대로 침투할 수 없어 식물이 흡수하기 어려워진 상태.

장미 재배 성공의 지름길은
품종 선택에서 '실패하지 않기'

장미의 품종을 선택할 때는 꽃의 색깔이나 형태를 보고 첫눈에 반했다고 해서 바로 결정하지 말고, 질병에 강한지 아닌지 여부를 확인하는 것이 중요합니다. 질병에 내성이 강한 품종도 많이 있습니다.

잎에 검은 반점이 나타났다가 결국 누렇게 변해서 낙엽이 지는 검은무늬병

질병에 강한 장미를 선택한다

장미 재배가 어려운 가장 큰 이유는 검은무늬병(흑반병) 때문입니다. 장미는 이 병에 걸리면 낙엽이 생겨 광합성을 할 수 없게 되므로 생육 상태가 눈에 띄게 나빠집니다. 검은무늬병은 비와 밀접한 관련이 있습니다. 장미의 생육기에 비가 많이 내리는 지역에서 발생하기 쉬운 질병입니다. 검은무늬병에 대한 내성은 품종에 따라 많이 다릅니다. 비가 많이 오는 환경에서 재배할 경우에는 검은무늬병에 내성이 강한 품종을 선택해야 합니다.

비 가림막이 있는 베란다에서는 검은무늬병이 잘 발생하지 않지만 흰가룻병으로 고생할 수 있습니다. 이 병은 통풍이 잘되지 않는 곳에서 발생하기 쉽고 검은무늬병과 마찬가지로 품종에 따라 내성이 많이 다릅니다. 베란다 원예를 할 경우 흰가룻병에 강한 품종을 선택하는 것이 좋습니다.

병충해에 강한 품종은 14~25쪽을 확인해보세요.

주로 새싹이나 새잎 등이 가루를 뿌린 것처럼 하얗게 변하는 흰가룻병

화분에 심을 경우 수고(樹高)가 낮은 장미를 선택한다

장미는 품종에 따라 수고 차이가 크게 납니다.

화분에서 재배하면 땅에 심는 경우보다 수고가 높아지므로 가급적 수고가 낮고 개체의 형태를 쉽게 잡아줄 수 있는 품종을 선택합니다.

수고가 높은 품종은 바람이 불 때마다 화분이 쓰러지므로 관리하기 어렵습니다. 꽃이 처음 필 때의 수고는 낮아도, 가을에는 2 m 이상으로 자라는 품종도 있기 때문에 구입하기 전에 알아보는 것이 좋습니다.

품종에 따라 1년이 지나면 수고가 달라진다
사진 속 퍼퓸 디 아모르(Parfum d'Amour)는 봄에는 수고가 0.7 m 정도이며, 가을이 되어도 1 m 정도로 상당히 작다. 잎이 4~5장 날 때마다 꽃을 피운다. 작은 품종 중에는 꽃이 잘 피는 것이 많다.

병충해에 강한 장미를 찾는 방법

ADR 인증 품종은 내병성 품종을 의미

ADR(독일 장미 신품종 평가)은 독일 11개소의 시험장에서 기준을 충족한 품종만이 취득할 수 있는 인증으로, 3년간 무농약으로 재배된 장미의 내병성과 내한성, 개화의 특성과 꽃의 아름다움 등을 평가합니다. 기준은 매년 엄격해지고 있으며, 2010년대에 인증된 품종은 놀라울 정도로 내병성이 향상되었습니다.

과거에 인증을 받았다 해도 현재의 기준보다 현저하게 낮을 경우 '안젤라(Angela)'처럼 인증을 취소시키기도 합니다. 카탈로그 혹은 라벨에 ADR이라는 문자와 이 페이지 하단에 있는 것과 같은 로고가 있다면 초보자가 키우기에 좋은 품종이라고 판단할 수 있습니다.

추천하고 싶은 ADR 인증 품종

스마일링 아이즈(Smiling Eyes)

크리스티아나(Christiana)
(특징은 22쪽 참조)

체리 보니카(Cherry Bonica)
(특징은 17쪽 참조)

 Allgemeine Deutsche Rosenneuheitenprüfung

처음 장미를 기르는 초보자에게 추천하고 싶은 강건한 장미

'강건한 장미'라는 말은 편리하게 자주 사용되는 표현으로, 크게 3가지 유형으로 나눌 수 있습니다.

1. 검은무늬병 내성이 강한 장미 (더블 녹아웃Double knock-out) 수세는 중간 혹은 다소 약한 편이지만 장미의 최대 과제인 검은무늬병에 강하고 낙엽이 잘 생기지 않습니다. 따라서 꾸준히 광합성을 하면서 견실하게 생육하는 장미입니다.

2. 수세가 강한 장미 (퀸 엘리자베스The Queen Elizabeth) 내병성은 중간 혹은 약간 약한 편이지만, 기력이 강해서 낙엽이 된 후에도 회복하기 쉽습니다.

3. 견디고 살아남는 장미 (아이스버그Iceberg) 내병성, 수세는 중간 혹은 다소 약하지만, 가지가 단단하고 충실해서 잘 살아남습니다. 시들지는 않지만 좀처럼 잘 자라지도 않습니다.

다음에 소개하는 37품종은 모두 1번에 해당합니다. 그중에는 1번의 유형에 2, 3번의 성질을 겸비한 것도 있습니다.

라리사 발코니아 (Larissa Balconia)

꽃 지름이 약 7 cm인 로제트형. 여러 송이씩 모여서 함께 개화하고, 꽃이 잘 핀다. 향이 약하지만 꽃이 아주 오래 피어 있다. 내서성(耐暑性)이 조금 약하다. 개체의 모양이 작다. 직립성.

검은무늬병에 강하다	⑤
흰가룻병에 강하다	⑤

 Type 1

화분 심기에 적합한 반덩굴장미·직립장미 11종

14~25쪽에서 소개하는 품종은 별도로 기재하지 않은 경우, 사철 개화성입니다.

질병에 강하고 작고 알찬 장미 품종 중에서 화분에 심어 키우기 좋은 11종을 엄선하여 소개합니다. 꼭 체크해야 할 질병인 검은무늬병, 흰가룻병에 대한 내성은 5단계로 평가했습니다.

딥 보르도 (Deep Bordeaux)

꽃 지름이 약 8 cm이며 꽃잎은 물결 모양이다. 여러 송이씩 모여 꽃이 피며, 다화성(多花性)이다. 꽃이 오래 피어 있다. 라즈베리처럼 좋은 향이 난다. 가을에도 꽃의 수가 많다. 직립성.

검은무늬병에 강하다	⑤
흰가룻병에 강하다	⑤

뉴사(Neusa)

꽃 지름 약 3 cm의 홑꽃. 큰 송이로 개화하며, 다화성이다. 시든 꽃을 따지 않으면 장미가 피고 난 후 맺히는 열매도 즐길 수 있다. 풍성하게 자라 자연의 정취를 느끼게 한다. 직립성.

검은무늬병에 강하다	⑤
흰가룻병에 강하다	⑤

세인트 오브 요코하마
(Scent of Yokohama)

꽃 지름이 약 10 cm인 장미꽃이 여러 송이로 핀다. 티 계열부터 프루티 계열까지 강한 향기가 난다. 반복 개화성이다. 비료를 많이 주면 꽃 모양이 흐트러질 수 있으므로 주의한다. 직립성.

검은무늬병에 강하다	⑤
흰가룻병에 강하다	⑤

살리마(Shalimar)

꽃 지름이 7 cm 정도인 장미꽃이 핀다. 봄, 가을 모두 꽃의 수가 많다. 꽃과 가지, 잎이 모두 섬세한 인상을 준다. 다마스크 계열의 중간~강한 향기가 난다. 국내 환경에 적응력이 뛰어나며 아름다움과 강건함을 겸비했다. 반덩굴성.

검은무늬병에 강하다	⑤
흰가룻병에 강하다	⑤

리몬첼로 (Limoncello)

꽃 지름 약 4 cm의 반겹꽃. 개화 후 퇴색하며 꽃이 활짝 필 때 2가지 색으로 보인다. 향이 약하며, 꽃이 피면 풍성하게 보인다. 다화성 이며 연속적으로 개화한다. 반덩굴성.

검은무늬병에 강하다 ————●—— ④
흰가룻병에 강하다 ————————●—— ⑤

가든 오브 로즈 (Garden of Roses)

꽃 지름 약 7 cm인 장미꽃이 핀다. 여러 송이로 꽃이 피며 다화성이다. 늦게 피는 타입이다. 티 계열의 중간 향기. 마디 사이가 짧은 소형의 개체. 직립성. ADR 인증 품종.

검은무늬병에 강하다 ————●—— ④
흰가룻병에 강하다 ————●—— ④

수잔 윌리엄스 엘리스
(Susan William-Ellis)

꽃 지름 6 cm의 로제트형. 여러 송이로 꽃을 피우며 다화성이다. 다마스크 계열의 강한 향기가 난다. 가지가 가늘고 가시가 많다. 잎이 작고 가죽 같은 성질이 있으며 짙은 녹색이다. 여름을 견디는 내서성이 다소 약하다. 직립성.

검은무늬병에 강하다 ————●—— ④
흰가룻병에 강하다 ————————●—— ⑤

리사 리사(Lisa Lisa)

꽃 지름은 7 cm 정도이며 꽃잎은 물결무늬. 여러 송이로 피며 다화성이다. 꽃잎의 품질이 뛰어나고 잘 상하지 않으며, 꽃이 오래 피어 있다. 중간 향. 개체가 작게 뭉쳐져 있다. 반덩굴성.

검은무늬병에 강하다 ————————⑤
흰가룻병에 강하다 ————————⑤

체리 보니카(Cherry Bonica)

꽃 지름 약 7 cm의 찻잔형. 여러 송이로 피며, 꽃의 수도 많고 연속적으로 개화한다. 꽃잎의 품질이 뛰어나 잘 상하지 않으며, 꽃이 오래 피어 있다. 약한 향. 반덩굴성. ADR 인증 품종.

검은무늬병에 강하다 ————————⑤
흰가룻병에 강하다 ———————④

더블 녹아웃(Double Knock Out)

꽃 지름 약 7 cm의 둥근 삼각 꽃잎 구형으로 핀다. 여러 송이로 개화하며, 다화성이다. 꽃이 오래 피어 있다. 가지가 잘 갈라지고 가운데로 모여 피는 특성이 있다. 일찍 핀다. 겨울철에는 가지에 얼룩이 생긴다. 직립성.

검은무늬병에 강하다 ————————⑤
흰가룻병에 강하다 ———————④

정원 심기에 적합한
반덩굴장미·직립장미 13종

정원에 심으면 크고 멋진 모습으로, 풍성한 장미가 활짝 핍니다. 아름다운 풍경을 만들기에 좋은 13종을 소개합니다.

아이 오브 타이거 (Eye of the Tiger)

꽃 지름은 약 7 cm이며, 꽃 색깔이 개성적이다. 여러 송이가 개화하며 다화성이다. 향기가 약하다. 사철 개화성이 강하고 계속해서 자주 꽃을 피운다. 수세가 강하고 반덩굴성으로 크게 자란다.

검은무늬병에 강하다   •———④——————
흰가룻병에 강하다   •————————⑤

루비 플라워 카니발
(Ruby Flower Carnival)

꽃 지름이 약 5 cm인 둥근 꽃잎 편평형으로 개화한다. 눈이 번쩍 뜨일 정도로 색채가 선명하다. 여러 송이로 큼직하게 피고 꽃이 잘 핀다. 꽃이 아주 오래 피어 있다. 향이 약하고 늦게 핀다. 반덩굴성.

검은무늬병에 강하다   •——•——•——•——⑤
흰가룻병에 강하다   •——•——•——•——⑤

베벌리 (Beverly)

꽃 지름이 약 11 cm인 둥근 삼각 꽃잎 편평형 개화. 한 송이에서 여러 송이의 꽃이 피며 다화성이다. 고급스럽고 강한 과일 향이 나며, 가지에는 가시가 적다. 수세가 강하고 크게 자란다. 직립성.

검은무늬병에 강하다   •——•——•——•——⑤
흰가룻병에 강하다   •——•——•——④——•

노발리스 (Novalis)

꽃 지름이 약 8 cm이며 로제트형 개화. 여러 송이의 꽃이 핀다. 티 계열의 중간 향기가 나며 늦게 핀다. 비가 내리면 꽃잎이 쉽게 손상된다. 수세가 강하고 키가 큰 장미로 자란다. 직립성. ADR 인증 품종.

검은무늬병에 강하다   •——•——•——•——⑤
흰가룻병에 강하다   •——•——•——•——⑤

라 로즈 드 몰리나르
(La Rose de Molinard)

꽃 지름 약 8 cm의 찻잔형 개화. 여러 송이로 핀다. 고품질의 프루티 계열의 강한 향이 난다. 사철~반복 개화성. 수세가 강하고 크게 자란다. 반덩굴성. ADR 인증 품종.

검은무늬병에 강하다 ④
흰가룻병에 강하다 ⑤

라욘 드 솔레일 (Rayon de Soleil)

꽃 지름 약 6 cm의 둥근 꽃잎 편평형 개화. 색채가 선명하다. 꽃이 여러 송이로 잘 피며, 아주 오래 피어 있다. 향기가 약하다. 직립으로 자라서 좁은 장소에 심기 적합하다.

검은무늬병에 강하다 ④
흰가룻병에 강하다 ⑤

웨딩 벨스 (Wedding Bells)

꽃 지름이 약 12 cm로 뾰족 꽃잎의 우산형 개화. 꽃의 수가 약간 적다. 향기가 약하다. 수세가 강하며 멋지고 크게 자란다. 비료를 많이 주면 꽃이 잘 피지 않을 수도 있다. 직립성.

검은무늬병에 강하다 ⑤
흰가룻병에 강하다 ⑤

샹페트르 (Champetre)

꽃 지름이 약 5 cm인 로제트형 개화. 여러 송이로 피며, 중간 정도의 향기가 난다. 꽃이나 가지, 잎의 분위기가 재래종 장미를 연상시킨다. 사계절~반복 개화성. 반덩굴성.

검은무늬병에 강하다 ⑤
흰가룻병에 강하다 ⑤

그래핀 디아나 (Graefin Diana)

꽃 지름이 약 10 cm인 둥근 삼각 꽃잎 우산형 개화. 꽃이 피는 정도는 중간, 다마스크 계열의 강한 향기가 나며 늦게 핀다. 가지에는 가시가 많다. 수세가 강하며 크게 자란다. 직립성. ADR 인증 품종.

검은무늬병에 강하다 ⑤
흰가룻병에 강하다 ⑤

아이즈 온 미 (Eyes on me)

꽃 지름이 약 6 cm인 홑꽃 개화. 여러 송이로 개화하며 꽃이 잘 핀다. 향기가 약하다. 사철~반복 개화성. 수세가 강하며 늘어나는 힘이 있어 구조물로 유인할 수도 있다. 반덩굴성.

검은무늬병에 강하다 ⑤
흰가룻병에 강하다 ⑤

올리비아 로즈 오스틴
(Olivia Rose Austin)

꽃 지름이 약 9 cm인 로제트형 개화. 여러 송이로 피며 꽃이 잘 핀다. 반복 개화성이지만 봄이 지난 후에는 꽃의 수가 적다. 향기는 중간 정도. 수세가 강하며 크게 자란다. 반덩굴성.

| 검은무늬병에 강하다 | ————⑤ |
| 흰가룻병에 강하다 | ————⑤ |

밀 온더 플로스 (The Mill on the Floss)

꽃 지름이 약 7 cm인 찻잔형 개화. 섬세하고 희귀한 색조가 매력적이다. 여러 송이로 피며 꽃이 잘 핀다. 향기는 중간 정도. 반복 개화성이며 가을 이후에는 꽃의 수가 적다. 반덩굴성.

| 검은무늬병에 강하다 | ————④ |
| 흰가룻병에 강하다 | ————⑤ |

메르헨자우버 (Maerchenzauber)

꽃 지름이 약 12 cm인 찻잔형 개화. 한 송이 혹은 여러 송이로 핀다. 꽃이 피는 정도는 중간 정도. 티 계열의 중간 향기. 수세가 강하지만 내서성이 다소 약하다. 직립성. ADR 인증 품종.

| 검은무늬병에 강하다 | ————⑤ |
| 흰가룻병에 강하다 | ————⑤ |

Type 3 유인해서 감상하는 반덩굴장미·덩굴장미 13종

펜스나 아치, 오벨리스크 등 넓은 면적으로 유인하면 한 면이 아름다운 장미꽃으로 가득 메워진 풍경을 즐길 수 있는 13종을 소개합니다.

크리스티아나 (Christiana)

꽃 지름이 약 7 cm인 찻잔형 개화. 여러 송이로 피고 꽃이 잘 핀다. 아니스(Anise)의 강한 향기가 난다. 꽃이 빨리 핀다. 사철 개화성이 강하며 천천히 자란다. ADR 인증 품종.

검은무늬병에 강하다 ⑤
흰가룻병에 강하다 ⑤

로즈 블러시 (Rose blush)

꽃 지름 약 9 cm인 로제트형 개화. 여러 송이로 피고 꽃이 잘 핀다. 다마스크 계열의 강한 향이 난다. 꽃가지가 약간 길다. 수세가 강하고 생육이 빠르며, 반복 개화성이다.

검은무늬병에 강하다	•—•—•—•—•	⑤
흰가룻병에 강하다	•—•—•—•—•	⑤

플로렌티나 (Florentina)

꽃 지름이 약 8 cm인 찻잔형 개화. 색채가 선명하다. 여러 송이로 피며 꽃잎의 품질이 뛰어나고 꽃이 잘 핀다. 꽃이 오래 피며 늦게 핀다. 향기가 약하다. 약한 반복 개화성. ADR 인증 품종.

검은무늬병에 강하다	•—•—•—•—•	④
흰가룻병에 강하다	•—•—•—•—•	⑤

마리 앙리에트 (Marie Henriette)

꽃 지름이 약 9 cm인 쿼터 로제트형 개화. 여러 송이로 피며 다화성. 강한 아니스 향기가 나며, 반복 개화성이다. ADR 인증 품종. 케르나 플로라(Kolner Flora)의 자매 품종.

검은무늬병에 강하다	•—•—•—•—•	⑤
흰가룻병에 강하다	•—•—•—•—•	⑤

폼포넬라 (Pomponella)

꽃 지름은 약 5 cm, 꺼안는 듯한 형태의 찻잔형 개화. 큰 송이로 개화하며 꽃이 아주 잘 핀다. 꽃잎의 품질이 뛰어나며 꽃이 오래 피어 있다. 사철 개화성~반복 개화성. ADR 인증 품종.

검은무늬병에 강하다 ————④
흰가룻병에 강하다 ————⑤

쾨르너 플로라 (Kolner Flora)

꽃 지름이 약 8 cm인 찻잔형 개화. 여러 개의 꽃이 피고 꽃이 잘 핀다. 프루티 계열의 강한 향기. 반복 개화성. 가지에 가시가 적다. 수세가 강하고 생육이 빠르다.

검은무늬병에 강하다 ————⑤
흰가룻병에 강하다 ————⑤

카멜롯 (Camelot)

꽃 지름 약 8 cm인 둥근 꽃잎 편평형 개화. 꽃잎 각각이 하트 모양이며, 희귀한 색채도 매력적이다. 스파이스 계열의 중간 향기. 약한 반복 개화성. 신장력이 있다. ADR 인증 품종.

검은무늬병에 강하다 ————④
흰가룻병에 강하다 ————⑤

샤토 드 슈베르니
(Château de Cheverny)

꽃 지름 약 6 cm의 찻잔형 개화. 몇 송이의 꽃이 핀다. 꽃이 잘 피고 오래 피어 있다. 중간 향기. 꽃가지가 짧고 덩굴장미로서의 성질이 뛰어나 다양한 용도로 활용할 수 있다. 반복 개화성.

검은무늬병에 강하다 ————⑤
흰가룻병에 강하다 ————⑤

피에르 에르메 (Pierre Hermé)

꽃 지름 약 9 cm인 물결 모양의 둥근 꽃잎 편평형 개화. 여러 송이로 피고 꽃이 잘 핀다. 프루티 계열의 중간 향기. 반복 개화성. 꽃가지가 약간 길다. 수세가 강하고 생육이 빠르다.

검은무늬병에 강하다 ————⑤
흰가룻병에 강하다 ————⑤

에두아르 마네 (Edouard Manet)

꽃 지름 약 7 cm인 찻잔형 개화. 여러 송이로 피고 꽃이 잘 핀다. 티 계열의 중간 향기. 가지에 가시가 적고, 유연해서 유인하기 쉽다. 사계절~반복 개화성.

검은무늬병에 강하다 ————④
흰가룻병에 강하다 ————⑤

리퍼블릭 드 몽마르트르
(République de Montmartre)

꽃 지름이 약 8 cm인 둥근 삼각 꽃잎 우산형 개화. 여러 송이로 피고 꽃이 잘 핀다. 향은 중간. 사철~반복 개화성. 늦게 핀다. 단풍이 들어 잎이 아름답게 빛난다. 가지치기를 해서 자립시킬 수도 있다.

검은무늬병에 강하다 ④
흰가룻병에 강하다 ⑤

스노우 구스(Snow goose)

꽃 지름이 약 3 cm인 폼폰형 개화. 큰 송이로 개화하며 꽃이 상당히 잘 핀다. 스파이스 계열의 중간~강한 향기가 난다. 봄 이후에도 꽃이 잘 핀다. 가지는 가늘고 유연하며 가시가 적다.

검은무늬병에 강하다 ④
흰가룻병에 강하다 ⑤

덩굴 녹아웃(knockout)

꽃 지름이 약 7 cm인 반겹꽃 개화. 여러 송이로 피고 꽃이 잘 핀다. 꽃잎의 품질이 뛰어나고 꽃이 오래 피어 있다. 향은 약하다. 펜스나 오벨리스크로 유인하는 것이 좋다. 반복 개화성.

검은무늬병에 강하다 ⑤
흰가룻병에 강하다 ⑤

장미 재배를 위해 필요한 도구들

장미를 키울 때 다양한 도구가 있으면 편리합니다. 편리하게 사용할 수 있는 주요 도구와 재배할 때 필요한 기본 용토 및 비료, 화분을 소개합니다.

받침날 ——— ——— 칼날

물뿌리개
물이 넉넉하게 들어가는 3ℓ 이상 용량의 물뿌리개를 추천한다. 용량이 작으면 물을 여러 번 담아서 뿌려야 하는 번거로움이 있다.

가드닝 장갑
작업할 때는 장미 가시에 찔리지 않도록 반드시 가죽 장갑을 착용한다. 소가죽은 가시가 잘 뚫리지 않지만, 섬세한 작업을 하기에는 돼지가죽이 더 편리하다.

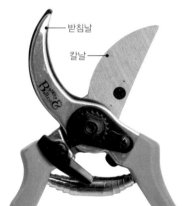

받침날 ———
칼날 ———

작업용 양동이
옮겨심기 등을 할 때 양동이가 있으면 편리하다.

가지치기 가위
종이를 자르는 가위로는 가지를 끊을 수 없으므로 반드시 전용 가위를 준비한다. 제조사에 따라 여성용 작은 사이즈도 있다. 사진처럼 굵은 가지를 자르는 것(아래)과 세세한 작업에 적합한 날 끝이 가는 것(위)이 둘 다 있으면 편리하다.

모종삽
장미 모종을 화분에 심을 때나 흙을 떠서 화분에 넣을 때 사용한다.

가지치기용 가위의 올바른 날 방향

가지치기용 가위에는 칼날과 받침날이 있는데, 가지를 남기는 쪽에 칼날이 오게 자르면 잘린 면이 깔끔하게 정리된다.

뿌리 갈퀴
모종을 분갈이할 때, 분 모양으로 딱딱해진 뿌리를 풀어주기 위해 사용한다. 사진처럼 철제 분재용 갈퀴가 사용하기 편리하다.

배양토

장미의 배양토로는 배수성이 좋고 보비력(땅의 거름기를 오래 지니는 힘-옮긴이)이 있는 용토가 적합하다. 적옥토 알갱이 7, 퇴비 3을 기본 비율로 하지만, 초보자는 시판되는 '장미 전용 용토'를 이용하면 편리하게 바로 심을 수 있다. 용토에 따라 배수성이 다르므로 마음에 드는 용토를 골라 모든 개체를 심으면 화분마다 습도 차이가 잘 나지 않아 관리하기 쉽다.

플라스틱 화분

보수성(保水性)이 좋아서 토양이 마를 염려는 적지만 과습하지 않도록 주의한다. 가벼워서 이동하기 편리하나 강풍에는 넘어지기 쉽다. 사진 속 슬릿 화분은 일반 플라스틱 화분보다 배수성이 뛰어나지만 용토가 흘러나오기 쉽다.

화분 밑돌

화분의 배수성을 좋게 하려고 화분 바닥에 넣는 돌. 경석이나 펄라이트, 경질 적옥토의 굵은 알갱이 등을 사용한다. 화분 바닥에 큰 구멍이 있는 경우에는 화분에 바닥망을 깐다. 최종적으로 정원에 심을 때는 적옥토를 사용하는 것이 좋다. 화분에서 계속 재배할 경우에는 잘 깨지지 않는 경석이 좋다.

토분

토분은 장식성이 뛰어나지만 깨지기 쉽고 무거운 것이 단점이다. 또 미세한 구멍이 있어 통기성이 뛰어나 뿌리에 좋지만, 쉽게 토양이 건조해질 수 있으니 주의해야 한다. 보수성을 높이기 위해 화분 옆면의 크기에 맞춰 자른 비닐 시트를 안쪽에 붙이는 것도 좋다.

고형 비료

깻묵 등의 유기질 고형 비료를 주로 사용한다. 사용하는 양은 비료마다 다르므로 반드시 동봉된 사용 설명서를 확인해야 한다.

퇴비

정원에 심을 때 토양 개량을 하기 위해 섞는다. 완숙이 되면 부엽토나 소똥 퇴비, 말똥 퇴비, 나무껍질 퇴비 등 모두 가능하다.

열두 달 장미 관리와 작업 달력

장미를 아름답게 꽃피우려면 반드시 평소에 물 주기와 비료, 병충해 방제 등 계절 변화에 따른 관리를 해야 합니다. 월별로 필요한 관리 내용을 기억하고 장미를 재배하는 요령을 알아보겠습니다. 여기에 나타낸 생육 상태는 기후나 관리, 재배 환경에 따라 조금씩 다르니 대략적인 기준으로 활용해주세요.

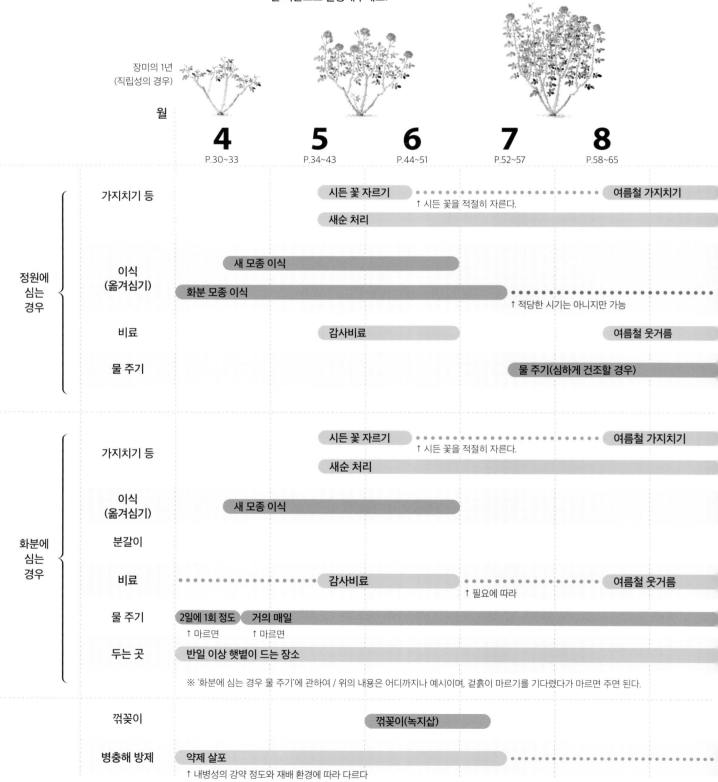

장미의 1년
(직립성의 경우)

월

	4	**5**	**6**	**7**	**8**
	P.30~33	P.34~43	P.44~51	P.52~57	P.58~65

정원에 심는 경우

가지치기 등
- 시든 꽃 자르기 ········· 여름철 가지치기
  - ↑ 시든 꽃을 적절히 자른다.
- 새순 처리

이식 (옮겨심기)
- 새 모종 이식
- 화분 모종 이식 ········· ↑ 적당한 시기는 아니지만 가능

비료
- 감사비료
- 여름철 웃거름

물 주기
- 물 주기(심하게 건조할 경우)

화분에 심는 경우

가지치기 등
- 시든 꽃 자르기 ········· 여름철 가지치기
  - ↑ 시든 꽃을 적절히 자른다.
- 새순 처리

이식 (옮겨심기) / 분갈이
- 새 모종 이식

비료
- ········· 감사비료 ········· 여름철 웃거름
  - ↑ 필요에 따라

물 주기
- 2일에 1회 정도   거의 매일
  - ↑ 마르면   ↑ 마르면

두는 곳
- 반일 이상 햇볕이 드는 장소

※ '화분에 심는 경우 물 주기'에 관하여 / 위의 내용은 어디까지나 예시이며, 겉흙이 마르기를 기다렸다가 마르면 주면 된다.

꺾꽂이
- 꺾꽂이(녹지삽)

병충해 방제
- 약제 살포 ·········
  - ↑ 내병성의 강약 정도와 재배 환경에 따라 다르다

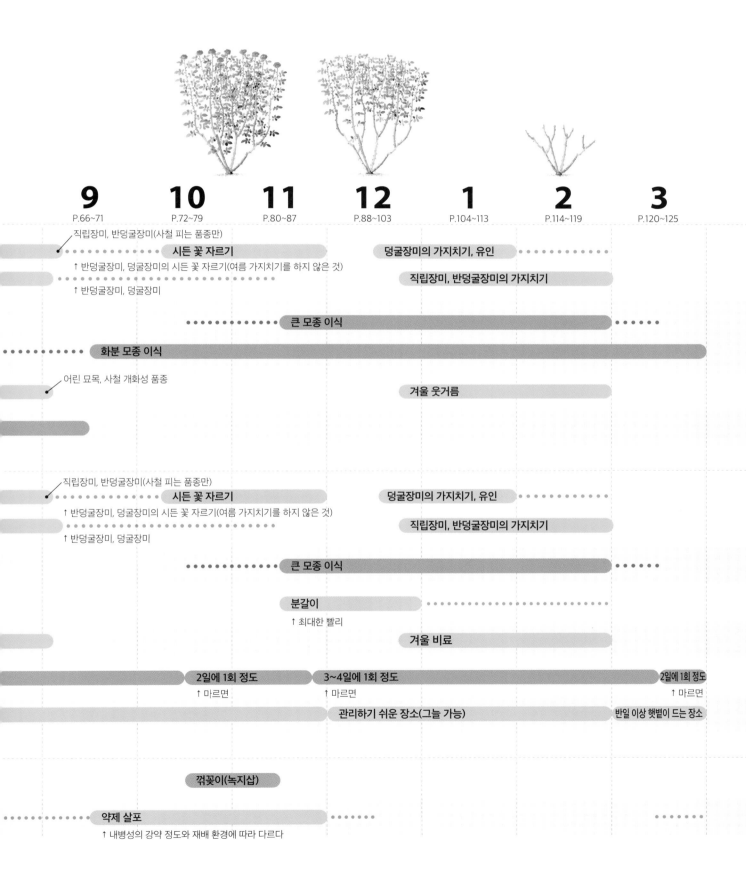

9	10	11	12	1	2	3
P.66~71	P.72~79	P.80~87	P.88~103	P.104~113	P.114~119	P.120~125

직립장미, 반덩굴장미(사철 피는 품종만)

시든 꽃 자르기   덩굴장미의 가지치기, 유인

↑ 반덩굴장미, 덩굴장미의 시든 꽃 자르기(여름 가지치기를 하지 않은 것)

직립장미, 반덩굴장미의 가지치기

↑ 반덩굴장미, 덩굴장미

큰 모종 이식

화분 모종 이식

어린 묘목, 사철 개화성 품종

겨울 웃거름

직립장미, 반덩굴장미(사철 피는 품종만)

시든 꽃 자르기   덩굴장미의 가지치기, 유인

↑ 반덩굴장미, 덩굴장미의 시든 꽃 자르기(여름 가지치기를 하지 않은 것)

직립장미, 반덩굴장미의 가지치기

↑ 반덩굴장미, 덩굴장미

큰 모종 이식

분갈이

↑ 최대한 빨리

겨울 비료

2일에 1회 정도   3~4일에 1회 정도   2일에 1회 정도

↑ 마르면   ↑ 마르면   ↑ 마르면

관리하기 쉬운 장소(그늘 가능)   반일 이상 햇볕이 드는 장소

꺾꽂이(녹지삽)

약제 살포

↑ 내병성의 강약 정도와 재배 환경에 따라 다르다

4 월

장미꽃이 피기 직전!
건강하게 자라는
모종을 선택한다

봄이 오고 이제 곧
꽃이 필 거예요.
새 장미를 맞이하기에
지금이 가장 좋은
때랍니다!

현관 앞을 수놓은 장미는 '헬렌(Helen)'과 '르 씨엘 블루(Le Ciel Bleu)'로, 화분에 심어놓았다. 반나절 이상 햇볕이 드는 장소라면 화분을 몇 개 놓아두기만 해도 화사하게 손님을 맞이하는 꽃을 연출할 수 있다.

4월은 새롭게 장미를 키우기 시작하는 달

4월은 장미가 한창 가지와 잎을 펼치고 꽃봉오리를 보이기 시작할 시기입니다. 이후 장미꽃은 규슈에서는 5월 연휴 무렵, 간토 근교에서는 5월 중순, 도호쿠 지방에서는 6월, 홋카이도에서는 7월 초순에 꽃을 피우면서 북상해갑니다.

장미가 피기 시작할 무렵에는 꽃 시장이나 농원에서 많은 장미 모종을 판매하므로 4~5월은 새롭게 장미 키우기를 시작할 최고의 때입니다. 이 시기에 모종을 구입하면 실제로 피어 있는 꽃을 직접 확인하고 고를 수 있다는 장점이 있습니다. 특히 장미의 매력 중 하나인 '향기'를 맡아본 다음 고를 수 있지요.

장미 화분에 물 주기는 최대한 오전 중에

장미를 맞이하기 위해서는 먼저 물을 주는 방법을 잘 알아야 합니다.

장미를 심은 화분의 흙이 마른 경우, 화분 바닥으로 물이 흘러나올 때까지 물을 듬뿍 줍니다. 새잎이 펼쳐지는 계절부터 개화기까지는 장미가 가장 왕성하게 물을 빨아들이는 시기입니다. 생각보다 빨리 화분이 마르기 때문에 물 주는 타이밍을 놓치지 않아야 합니다. 또 최대한 오전 중에 물을 주는 것이 좋습니다. 저녁 이후에 물을 주면 화분 바닥에서 흘러나온 물이 충분히 마르지 않고 남는데, 이 때문에 야간에 습도가 올라가서 질병이 발생하기 쉽습니다. 저녁에 잎이 시들기 시작하면 응급 처치로 화분 바닥으로 흘러나오지 않을 만큼만 물을 가볍게 주고 다음 날 아침에 다시 듬뿍 주는 것이 좋습니다.

정원에 심은 장미는 맑은 날씨가 이어지지 않는 한 이 시기에 물을 줄 필요는 없습니다. 단지, 심은 직후에는(40~41쪽 참조) 뿌리가 충분히 뻗어 나가지 않은 상태라서, 물이 말라 없어지면 뿌리가 상하기 쉬우므로 자주 물을 주어야 합니다.

날씨가 따뜻해지면 활발하게 활동하는 해충

이 시기에는 계절의 변화와 함께 해충들도 활동을 시작합니다. 123~125쪽의 병충해 대책을 참고하여 장미에 피해가 없도록 매일 자세히 관찰합니다.

이달의 주요 작업
모종 구입
약제 살포(123~125쪽 참조)
화분 모종 이식(36~41쪽 참조)

이달의 관리법	
두는 장소	반일 이상 햇볕이 드는 곳
물 주기	화분에 이식한 것은 거의 매일, 정원에 이식한 것은 필요 없음
비료	화분에 이식한 것은 필요에 따라 웃비료를 주고, 정원에 이식한 것은 필요 없음
병충해	흰가룻병 등 방제(그 외의 병충해는 123~125쪽 참조)

레이(Rei)

엔젤 페이스(angel-face)

블러싱 핑크 아이스버그
(Blushing pink Iceberg)

4^월 마음에 드는 장미를 정했다면
모종을 사자!

이 계절에 유통되는 모종은 몇 가지 특징이 있습니다.
각각의 장점과 단점을 이해한 후 여러분에게 맞는
좋은 모종을 골라보세요.

봄에 유통되는 장미 모종의 종류와 특징

장미 덩굴을
빨리 즐길 수
있는 모종

화분 심기와
정원 심기 모두
가능한 모종

아직 작은
어린 모종

초보자용

화분에 심은 모종

전년도 가을까지 밭에서 자란 큰 모종이나 새
모종을 화분에 심어 반년 이상 키운 것. 그대로
정원에 심을 수도 있다. 새 모종보다 크기 때문
에 초보자도 안심하고 키울 수 있다. 가격은 새
모종보다 비싸다.

덩굴장미로 크게 키운 것

큰 모종

화분 모종 중 가지를 길게 뻗게 해 덩굴장미다
운 모습으로 키운 모종. 빠른 시기에 구조물로
유인하고 싶은 경우 적합한 모종이다. 큰 만큼
가격이 비싸고 수송비도 든다.

새 묘목

가격이 싼 작은 모종

전년도 여름부터 가을, 또는 당해 겨울에 접목
해서 포트 심기를 한 작은 모종. 화분에 심은 모
종보다 가격이 저렴하고 가게에서 가져오기 편
하지만, 재배에 익숙하지 않은 사람에게는 적
합하지 않다.

포인트는 3가지!
구입할 때 주의점

모종을 고를 때는 피어 있는 꽃이나 꽃봉오리의 수에 현혹되지 마세요!

꽃봉오리가 많거나 지금 꽃이 예쁘게 피어 있다고 해도 반드시 건강하다고 할 수는 없습니다. 3가지 포인트를 확인한 후 좋은 모종을 구입하세요.

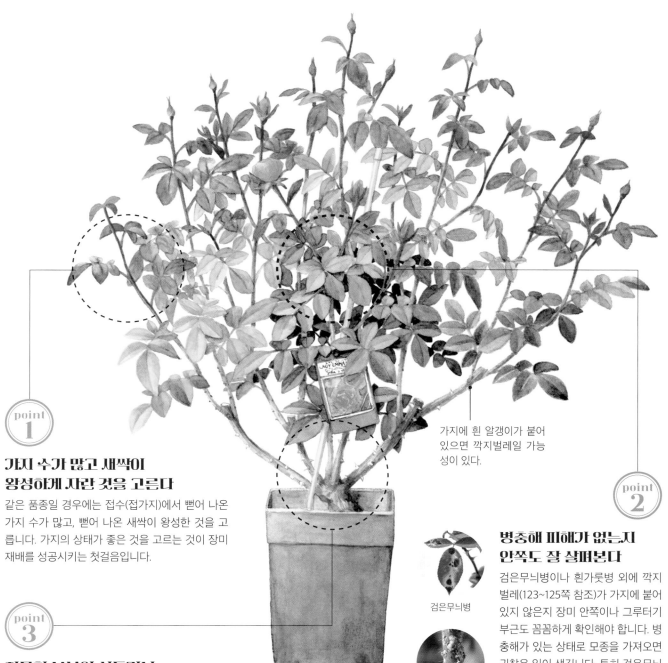

가지에 흰 알갱이가 붙어 있으면 깍지벌레일 가능성이 있다.

point 1

가지 수가 많고 새싹이 왕성하게 자란 것을 고른다

같은 품종일 경우에는 접수(접가지)에서 뻗어 나온 가지 수가 많고, 뻗어 나온 새싹이 왕성한 것을 고릅니다. 가지의 상태가 좋은 것을 고르는 것이 장미 재배를 성공시키는 첫걸음입니다.

point 3

접목한 부분이 시들거나 떠 있지 않은지 확인

접목한 부분이 시들지 않고 밑나무에 접순나무가 잘 붙어 있는 모종을 고릅니다.

검은무늬병

깍지벌레

point 2

병충해 피해가 없는지 안쪽도 잘 살펴본다

검은무늬병이나 흰가룻병 외에 깍지벌레(123~125쪽 참조)가 가지에 붙어 있지 않은지 장미 안쪽이나 그루터기 부근도 꼼꼼하게 확인해야 합니다. 병충해가 있는 상태로 모종을 가져오면 귀찮은 일이 생깁니다. 특히 검은무늬병이나 깍지벌레는 완전히 뿌리 뽑기가 어려우므로 병충해가 있는 모종은 피해야 합니다.

5월

꽃의 계절을 즐기면서

모종 심기와
시든 꽃 자르기

장미가 아름다운
계절입니다.
활짝 핀 꽃을
마음껏 즐겨보세요.

직립성인 '퍼플 스플렌더(Purple Splendour)' 옆에 핀 자색 꽃
은 '클레마티스 아프로디테 엘레가푸미나(Clematis Aphrodite
Elegafumina)'. 장미와 개화기가 비슷한 클레마티스를 가까이에 심
으면 정원 풍경이 한 폭의 그림이 됩니다.

드디어 장미꽃이 피기 시작합니다

5월이 되면 단단한 꽃봉오리가 나날이 부풀어 오르면서 여러 빛깔 장미가 차츰 피기 시작합니다. 평소 잘 관리했다면 결과를 마음껏 누릴 수 있는 계절입니다. 5월이 되면 여러분이 구해온 장미 모종의 봉오리에서도 슬슬 꽃이 피기 시작할 겁니다.

작년, 재작년에 장미 키우기를 시작했던 사람들에게 다시 찾아온 즐거운 계절. 모처럼 피어오른 꽃봉오리가 벌레의 먹이가 되지 않도록 병충해 대책을 세우고 물이 마르지 않도록 주의하면서 화려한 개화 시즌을 마음껏 즐겨보세요.

모종을 구하면 최대한 빨리 심는다

판매할 때 옮기기 쉽도록 작은 화분에 심어 놓은 장미 모종은 그대로 두면 순조롭게 자라지 못합니다. 더 훌륭하고 멋지게 키우기 위해서는 최대한 빨리 큰 화분이나 정원에 심어야 합니다.

화분에 심었다면 반나절 이상 확실하게 햇볕을 쬐고 통풍이 잘되는 장소에 화분을 두어야 합니다. 정원에 심었을 때도 햇빛과 통풍이 중요합니다. 일단 정원에 심으면 옮기기 어려우므로 처음부터 최적의 장소를 선택하는 것이 중요합니다.

꽃이 피기 시작하면 자주 시든 꽃을 자른다

꽃이 핀 장미는 며칠이 지나면 조금씩 떨어지고 꽃잎이 상하기도 합니다. 이렇게 떨어진 꽃잎이나 시든 꽃을 방치하면 질병의 원인이 되기도 하므로 다 핀 꽃을 자르는 '시든 꽃 자르기'를 합니다.

활짝 핀 장미가 얼마나 오래 지속되는지는 품종에 따라 다릅니다. 꽃이 오래 가는 장미와 오래가지 않는 장미를 구별하는 방법도 살펴보겠습니다. 꽃이 핀 장미를 구입할 때 꼭 참고해주세요.

이달의 주요 작업
화분 모종 이식
시든 꽃 자르기와 꽃이 핀 후 가지치기

이달의 관리법	
두는 장소	반일 이상 햇볕이 드는 곳
물 주기	화분에 이식한 것은 거의 매일, 정원에 이식한 것은 필요없음
비료	화분과 정원에 모두 감사비료*를 준다.
병충해	검은무늬병 등의 방제(그 외의 병충해는 123~125쪽 참조)

● 감사비료: 수세 확보 및 월동을 대비하여 주는 비료.

덩굴 디스턴트 드럼(Distant Drums)

올레(Ole)

35

5^월 마음에 드는 장미를 만나면
장미 모종 이식하기

'이식'은 장미 모종을 가져온 후 가장 먼저 하는 작업입니다. 원활하게 생육하기 위해서는 최대한 빨리 시작하는 것이 좋습니다.

화분의 모종을 이식한다 (분갈이)

작은 화분에 심긴 모종을 순조롭게 생육시키기 위해 큰 화분으로 옮겨 심습니다. 두는 장소는 반나절 이상 햇볕이 들고 통풍이 잘되는 곳이 이상적입니다.

준비물

● 화분(현재 심겨 있는 크기보다 큰 화분. 5호 화분의 모종이라면 7호 화분으로.)
● 시판되는 장미 전용 용토(흙)　　　　　　　● 화분 밑돌
● 큰 화분에 넣을 흙과 이식용 삽　　　　　　● 물뿌리개
● 비료(주는 양은 비료마다, 혹은 화분 크기에 따라 달라지므로 사용 설명서를 확인할 것. 이번에는 유기질 고형 비료를 사용.)

화분 심기와 정원 심기의 공통점

접목 테이프를 떼어놓는다

접을 붙인 부분에 테이프가 감겨 있다면 심을 때 떼어낸다(접목 방법에 따라서 테이프가 없는 경우도 있음). 테이프를 그대로 두면 자라면서 장미 가지에 파고들 수 있기 때문이다. 새 모종(39쪽 참조)의 경우에는 떼어내지 않는다.

step 1

화분 바닥에 화분 밑돌을 넣는다

배수가 잘되도록 화분 바닥에 있는 구멍이 보이지 않을 정도로 화분 밑돌을 넣는다.

step 2

용토를 적당량 넣는다

화분 심기 할 모종의 뿌리 높이를 고려해서 화분 밑돌 위에 적당량의 흙을 넣는다. 이때 용토를 너무 많이 넣으면 물을 줄 때 물을 저장할 공간이 없어지므로 주의한다.

분 모양의 뿌리를
가볍게 풀어주면서 이식한다

step 3

포트에서 모종을 뽑아내 그대로 화분에 넣을
수도 있지만, 너무 심하게 뿌리가 감겨 있는 경
우에는 바닥이나 측면을 가볍게 풀어주면 부드
럽게 활착한다.

모종을 화분의
중앙에 두고 용토를 넣는다

step 4

모종을 중앙에 둔 다음 접목 부분이 가려질 정
도로 용토를 넣는다. 물을 담을 수 있는 공간을
확보하기 위해 화분 테두리에서 3~5 cm 띄워
준다.

옮겨심기 완료

▼

개화

비료를 주고 라벨을
붙인 다음, 화분 바닥에서
물이 흘러나올 때까지 물을 준다

step 5

이식 작업이 끝나면 용토 위에 비료를 주고 품
종명을 적은 라벨을 붙인 후, 화분 바닥으로 물
이 흘러나올 때까지 물을 주면 완료.

샘플 모종은 '라 돌체 비타(La Dolce Vita)'. 봄
부터 가을까지 꽃이 잘 피고, 향기가 좋으며 꽃
이 오래가는 품종이다. 가지가 가운데로 모이고
작게 생육하므로 화분 심기에 가장 적합하다.

5 ^월 장미 모종 이식하기

새 모종을 화분에 심는다

새 모종은 접목한 지 얼마 되지 않은 모종이기 때문에 초보자가 그대로 정원에 심어서 기르기는 어렵습니다.
일단 좀 더 큰 화분(6~7호 크기)에 옮겨 심어서 가을까지 키운 다음 최종적으로 정원에 심으면 좋습니다.

준비물

- 슬릿 화분(7호 화분)
- 시판되는 장미 전용 용토(흙)
- 비료(주는 양은 비료마다, 혹은 화분 크기에 따라 달라지므로 사용 설명서를 확인할 것. 이번에는 유기질 고형 비료를 사용.)
- 큰 화분에 넣을 용토와 삽
- 물뿌리개

샘플 모종은 '요한 슈트라우스(Johann Strauss)'. 향기가 좋고, 꽃송이가 크다. 꽃이 잘 피고 정원 심기에 적합하다.

심기 전   심은 후

step 1

용토를 적당량 넣는다

새 모종의 뿌리 높이를 고려하여 적당량의 용토를 넣는다(배수성이 좋은 슬릿 화분을 사용하므로 화분 밑돌은 넣지 않아도 된다). 이때 용토를 너무 많이 넣으면 물을 저장할 공간이 없어지므로 주의한다.

step 2

분 모양의 뿌리가 흐트러지지 않게 이식한다

포트에서 모종을 빼낸 다음 그대로 화분에 넣는다. 지지대는 그대로 두어도 된다.

모종을
화분의 중앙에 두고
용토를 넣는다

step 3

접목 부분이 가려지지 않게 용토를 넣는다(가을에는 접목 테이프를 떼어내야 하므로 테이프를 드러낸다. 36쪽 참조). 물을 모아둘 수 있는 공간을 확보하기 위해 화분의 테두리에서 3~5 cm 띄워준다.

접목 테이프는
그대로 옮겨심기 완료

step 4

새 모종의 경우에는 접목 테이프를 가을까지 붙인 채로 둔다. 일찍 떼어버리면 접목한 부분이 부러질 수 있다.

이식 완료

비료를 주고
라벨을 붙인 다음,
물을 듬뿍 준다

step 5

이식 작업이 끝나면 용토 위에 비료를 주고 품종명을 적은 라벨을 붙인 후, 화분 바닥으로 물이 흘러나올 때까지 물을 주면 완료.

약 1개월 후

시든 꽃자루를 잘라서 볕이 드는 곳에서 관리한 지 1개월이 지나자 그루터기 부근에서 새순이 뻗어나왔다. 이 새순을 충실하게 만들어주는 방법은 48쪽을 참조.

반년 후

이식한 해 겨울이 되자 나무의 높이가 3배가 되고 가지 수도 늘어났다. 이 정도 크기까지 자라면 정원에 심는 것도 가능하다.

새 모종에서
꽃이 빨리 피는 게 좋을까?

장미가 꽃을 피우기 위해서는 에너지(광합성 산물)가 필요합니다. 따라서 새 모종에서 꽃이 빨리 필수록 에너지를 더 사용하게 되므로 생육이 느려집니다. 빨리 크게 키우고 싶다면 꽃봉오리가 작을 때 따야 합니다. 또 천천히 크게 키우고 싶다면 느긋한 마음으로 꽃을 키워야 합니다.

5^월 장미 모종 이식하기

준비물

정원에 심는다

화분에 심긴 모종을 직접 정원에 심을 수도 있습니다. 반나절 이상 햇볕이 들고 통풍이 잘되는 장소가 이상적입니다. 토양 조건이 나쁜 경우에는 사전에 퇴비 등을 섞어서 충분히 토양을 개량하는 것이 좋습니다.

● 비료(주는 양은 비료마다 달라지므로 사용 설명서를 확인할 것. 이번에는 유기질 고형 비료를 사용.)
● 퇴비(지름 50 cm, 깊이 50 cm인 구멍일 경우 12 ℓ)
● 삽   ● 물뿌리개
● 나무망치   ● 끈
● 지지대(※길이 50 cm 정도)

step 1

심을 구덩이를 판다

막삽으로 지름 50 cm, 깊이 50 cm 정도의 구멍을 판다. 작업 중 돌이나 쓰레기 등이 나오면 치운다.

step 2

구덩이의 바닥에 비료와 퇴비를 넣는다

유기질 고형 비료와 퇴비(전체 양의 6분의 1 정도)를 구덩이 바닥에 넣고 흙과 잘 섞는다.

step 3

파낸 흙에 퇴비를 섞는다

파낸 흙에 퇴비(step ②에서 사용한 나머지 전부)를 넣고 잘 섞는다. 모종의 뿌리 크기를 고려하면서 구덩이에 흙을 다시 채운다.

화분에서
모종을 꺼낸다

모종을 꺼낼 때는 화분의 바깥쪽을 가볍게 두드리면 된다. 분 모양으로 감긴 뿌리를 흩트리지 않고 그대로 이식하되, 뿌리가 심하게 감겨 있는 경우에는 밑면이나 옆면을 가볍게 털어서 부드럽게 활착하게 한다.

모종을 구덩이에 넣고
흙을 되묻는다

모종을 구덩이의 중앙에 둔 다음, 뿌리 주변으로 step ③에서 섞어 놓은 흙을 채워 넣어 접목한 부분이 3~5 cm 정도 묻히도록 심는다.

이식 후

물이 모두 스며들면 둑을 평평하게 고른 다음, 지지대를 지면에 비스듬히 꽂는다. 바람에 쓰러지지 않도록 가지와 지지대를 끈으로 묶는다.

그루터기 주위에
둑을 만든다

이식이 끝나면 물을 모아두기 위해 장미를 둥글게 둘러싸듯이 흙을 쌓아 올려 둑을 만든다.

물을 듬뿍 준다

5~10 ℓ 정도의 물을 둑 안쪽으로 모아놓듯이 듬뿍 준다. 둑에서 물이 넘쳐흐르지 않도록 물이 스며드는지 확인하면서 여러 차례 나누어 준다.

개화

샘플 모종은 옥토버페스트(Oktoberfest). 꽃 형태가 단정하며, 향기가 좋고 꽃송이가 크다. 꽃이 잘 피고 정원에 심기에 적합하다.

5^월 꽃을 예쁜 모습으로 즐기기 위한
꽃이 핀 후의 관리

꽃이 피기 시작하면 동시에 '시든 꽃 자르기'를 하는 것이 좋습니다. 지금 피어 있는 꽃을 아름답게 보이게 할 뿐만 아니라 질병 예방에도 중요한 작업입니다.

시든 꽃은 자주 자른다

꽃잎이 상하거나(사진 왼쪽), 흩어지거나 하면(사진 오른쪽) 꽃이 달린 줄기 끝 부분을 자릅니다.

시든 꽃 자르기는 꽃잎이 갈색으로 변색되거나 지기 시작하면 적당히 하면 됩니다. 시든 꽃 자루를 방치하거나 떨어진 꽃잎을 그냥 두면 병충해가 발생할 수 있으므로 반드시 해야합니다.

꽃 피는 시기가 끝난 꽃부터 순차적으로 자릅니다. 그리고 시든 꽃의 꽃자루 자르기가 끝나면 43쪽 '꽃이 핀 후의 가지치기'처럼 봄부터 자라난 꽃가지 길이의 위쪽 3분의 1을 기준으로, 싹의 위(잎이 있는 곳)에서 자릅니다. 잎의 연결 부위에 싹이 없어도 잎의 매수를 유지하기 위해 3분의 1 이상은 자르지 않습니다.

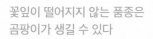

꽃잎이 떨어지지 않는 품종은 곰팡이가 생길 수 있다

꽃이 오래 지속되는 품종은 사진처럼 꽃잎이 떨어지지 않고 그대로 시드는 경우가 있습니다. 시든 꽃자루를 방치하면 곰팡이가 생길 수 있으니 빨리 잘라내야 합니다.

가을의 결실인 꽃자루를 남겨서 장미 열매 맺기

장미 중에는 가을에 붉게 물드는 장미 열매를 즐길 수 있는 것도 있습니다. 그런 품종은 꽃자루를 남겨도 좋을 듯합니다. 다만, 사철 개화성이나 반복 개화성 품종은 열매가 성숙하면서 영양분을 섭취하기 때문에 두 번째 꽃이 피기 어려워집니다.

사진은 일본에서 자생하는 야생 장미 '생열귀나무(Rosa davurica)'입니다. 한철 개화성으로 장미 열매의 색이 빨리 물들고 여름부터 가을에 걸쳐 주렁주렁 열매 맺는 모습을 즐길 수 있습니다. 자립적인 반덩굴성 수형이며, 질병의 내성은 중간 정도입니다.

꽃이 핀 후의
가지치기

꽃이 오래가는 장미와
오래가지 않는 장미를 구별하는 방법

장미 중에는 꽃이 오래가는 품종과 그렇지 않은 품종이 있습니다. 꽃이 오래가는 품종이 좋다고 생각하기 쉽지만 42페이지 하단 사진처럼 보기 흉한 모습이 될 수도 있습니다.

이 둘은 꽃이 피어 있는 상황에서 판단할 수 있습니다. 꽃이 오래가는 품종은 아래 사진처럼 중심꽃과 곁꽃이 동시에 핍니다. 한편, 꽃이 오래 가지 않는 품종은 곁꽃이 피기 전에 중심의 꽃은 떨어집니다.

라돌체비타(la dolce Vita)

플레이걸(Playgirl)

봄부터 자라난 꽃가지 길이의 위쪽 3분의 1을 기준으로 싹의 위(잎이 있는 곳)에서 자른다.

꽃이 끝나는 시점에 다음
싹이 자라기 시작하는 경우에는 그 싹의 위쪽을 자르면 된다.

꽃이
떨어지고 나면
비료(감사비료)
주기

꽃이 떨어지고 난 후 이번화와 삼번화를 피우기 위해서는, 화분 심기 한 것은 용토 위에, 정원 심기 한 것은 그루터기에서 20~50 cm 정도 떨어진 곳(크게 자란 것일수록 띄움)에 유기질 고형 비료 등을 규정된 양만큼 줍니다(주는 양은 비료마다, 혹은 화분 크기에 따라서도 달라지므로 사용 설명서를 확인해주세요).

고형 비료

개화기 전후에 이식한 장미는 이식할 때 비료를 주기 때문에 감사비료를 줄 필요가 없다.

6월

이 무렵부터 본격적인 재배가 시작됩니다!
새순 관리와 검은무늬병에 걸린 장미 회복하기

비가 많이 오는 계절에는 재배에 특별히 더 주의를 기울여야 합니다.

장마철에 전성기를 맞이하는 꽃나무인 산수국의 파란 꽃, 그리고 반겹꽃인 소륜화가 귀여운 직립장미 '시요우(紫陽)'. 이 시기에만 볼 수 있는 꽃들의 경연장이다.

차세대 주역이 될 가지(새순) 기르기

6월에는 꽃이 핀 후 가지치기를 한 가지에서 새싹이 돋기 시작하고, 사철 개화성이나 반복 개화성 품종에서 꽃봉오리를 볼 수 있습니다. 이것이 '이번화(二番花)'인데, 6월 중순~7월 초순 무렵에 꽃이 핍니다. 이 가지와는 별도로 그루터기 부근이나 가지의 중간에서 힘차게 햇가지가 뻗어 나오기도 합니다. 이 햇가지를 새순이라고 하며, 이번 가을 이후(덩굴장미의 경우 다음 해 봄)를 책임질 중요한 차세대 가지가 됩니다. 장미는 새순이 나오면 오래된 가지는 서서히 쇠퇴하다가 결국 시들어 세대교체가 일어납니다. 이 새순을 소중하게 기르면 이후 장미가 멋지게 자라게 됩니다.

1년 중 병충해가 가장 발생하기 쉬운 장마철

장미를 왕성하게 재배하는 유럽에 비해 일본은 장미 성장기(4~11월)에 비가 많이 와서 이 시기의 도쿄 강수량은 파리나 런던의 약 3배나 됩니다. 이것은 질병(특히 검은무늬병)이 쉽게 발생하는 원인으로 이어져 장미를 재배하는 데 큰 문제가 됩니다. 일본에서는 6월이 되면 서일본부터 차례로 장마가 시작되면서 비가 오는 날이 늘어납니다. 장마철은 1년 중 질병이 가장 발생하기 쉬운 계절입니다.

이 시기부터 각종 해충도 많이 나타납니다. 장미를 어떻게 병충해로부터 보호해서 건강한 잎을 많이 남길 것인가 하는 것이 장미를 성공적으로 재배하는 열쇠입니다. 조심해야 할 질병과 해충의 종류, 그에 대한 대처법은 123~125쪽에서 소개합니다.

프린세스 알렉산드라 오브 켄트
(Princess Alexandra of Kent)

만요우(萬葉)

이달의 주요 작업
새순 관리
검은무늬병에 걸린 장미 개체의 회복
화분 모종 이식(36~41쪽 참조)
꺾꽂이(78~79쪽 참조)

이달의 관리법	
두는 장소	반일 이상 햇볕이 드는 곳
물 주기	화분에 이식한 것은 거의 매일, 정원에 이식한 것은 필요 없음
비료	화분에 이식한 것은 필요에 따라 웃비료를 주고, 정원에 이식한 것은 필요 없음
병충해	검은무늬병 등 방제 (그 외의 병충해는 123~125쪽 참조)

타이밍을 놓치지 않기 위한
새순 관리

새순이 돋는 모양은 수형에 따라 다르며 관리 방법도 다릅니다. 성질을 이해하면 다음 세대의 가지를 훌륭하게 기를 수 있습니다.

덩굴장미와 반덩굴장미 새순의 경우

지지대를 세워 부러지지 않게 고정

사철 개화성과 반복 개화성 덩굴장미와 반덩굴장미 품종의 새순은 50~150 cm 정도 자라면 가지가 나뉘기 시작하면서 꽃을 피웁니다. 새순의 최종 길이는 80 cm~4 m 이상으로 품종에 따라 다릅니다. 길이에 따라 차이는 있지만 그대로 두면 강풍 등으로 부러질 수 있으므로 가지가 부러지지 않도록 구조물을 세워 가볍게 묶거나 지지대를 세워 고정합니다.

지지대를 세워서 가지가 수직으로 서게 한다. 그래야 가지 끝에 양분이 쉽게 모여서, 새순의 가지가 갈라지지 않고 더 길게 자란다. 이러한 성질을 일반적으로 '정아 우세'(자세한 설명은 94쪽)라고 한다.

새순을 방치하면

새순을 수직으로 만들지 않으면 결국 가지가 자신의 무게 때문에 호를 그리듯 휘어지며, 정아 우세의 성질에 따라 꼭대기 주변보다 잔가지가 많이 발생한다. 긴 새순이 필요하지 않다면 이 상태로도 문제는 없다.

굵은 새순을 순 따주기해서 가늘게 만든다

손가락 굵기 이상의 단단하고 곧은 새순이 돋는 '로코코'와 '덩굴 블루문', '알티시모(Altissimo)' 등은 새순이 30~40 cm 자라면 끝부분을 순 따주기(손으로 곁순을 잘라내는 것)합니다. 그러면 그 후 가지가 몇 개로 갈라지면서 가늘어지므로 겨울철 유인 작업이 다소 쉬워집니다.

순 따주기 후에 뻗은 가지

순 따주기 한 위치

직립장미와 왜성 반덩굴장미 새순의 경우

자주 관찰하면서 순 따주기

사철 개화성 품종과 왜성 반덩굴성 품종은 가지가 20~40 cm 정도 자라면 빗자루 모양으로 갈라지면서 많은 꽃봉오리를 맺습니다. 그대로 꽃봉오리가 피게 내버려두면 광합성을 충분히 하지 못해서 돋아나는 잎의 매수가 적습니다. 꽃을 많이 피우면서 에너지를 소비하므로 차세대를 이어갈 새순이 충분히 자라지 못하기 때문입니다.

그래서 가지가 갈라지기 전에 가지 끝을 순 따주기해서 개화를 미루고, 그 사이에 잎의 매수를 늘려서 새순의 생육을 촉진해야 합니다. 라벤더 메이딜란드(Lavender Meidiland) 등 특히 작은 품종에서는 2~3회 정도 순 따주기를 하면 새순은 몰라볼 정도로 멋지게 굵어지며 매수가 많아집니다. (새순이 굵게 자라는 모습은 48쪽을 참조)

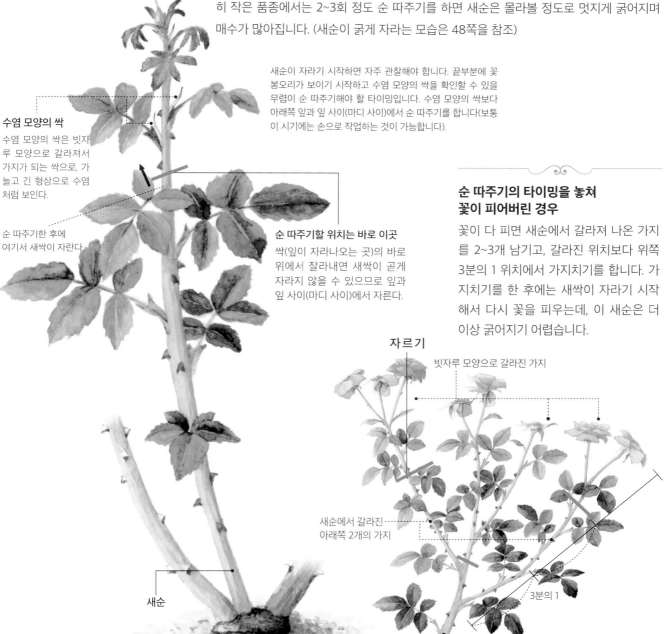

새순이 자라기 시작하면 자주 관찰해야 합니다. 끝부분에 꽃봉오리가 보이기 시작하고 수염 모양의 싹을 확인할 수 있을 무렵이 순 따주기해야 할 타이밍입니다. 수염 모양의 싹보다 아래쪽 잎과 잎 사이(마디 사이)에서 순 따주기를 합니다(보통 이 시기에는 손으로 작업하는 것이 가능합니다).

수염 모양의 싹
수염 모양의 싹은 빗자루 모양으로 갈라져서 가지가 되는 싹으로, 가늘고 긴 형상으로 수염처럼 보인다.

순 따주기한 후에 여기서 새싹이 자란다.

순 따주기할 위치는 바로 이곳
싹(잎이 자라나오는 곳)의 바로 위에서 잘라내면 새싹이 곧게 자라지 않을 수 있으므로 잎과 잎 사이(마디 사이)에서 자른다.

순 따주기의 타이밍을 놓쳐 꽃이 피어버린 경우

꽃이 다 피면 새순에서 갈라져 나온 가지를 2~3개 남기고, 갈라진 위치보다 위쪽 3분의 1 위치에서 가지치기를 합니다. 가지치기를 한 후에는 새싹이 자라기 시작해서 다시 꽃을 피우는데, 이 새순은 더 이상 굵어지기 어렵습니다.

자르기

빗자루 모양으로 갈라진 가지

새순에서 갈라진 아래쪽 2개의 가지

3분의 1

새순

새순

6_월 새순 관리 실천하기
순 따주기로 충실한 새순 만들기

새 가지가 더욱 풍성하게 자라게 하는 작업. 가지 끝을 잘라 주는 '순 따주기' 과정을 소개합니다.

앞 페이지에서 설명했듯이 새로운 새순에서 꽃이 피면 기존 새순의 충실도는 그 시점에서 대체로 멈춰버립니다.

그래서 여기서는 새 모종의 새순을 순 따주기하는 실제 사례를 소개합니다. 순 따주기를 할 수 있는 타이밍은 상당히 짧으므로 자주 관찰해서 놓치지 않는 것이 중요합니다.

5월에 이식한 새 모종 요한 슈트라우스(38쪽 참조)의 그루터기에서 새순이 나온 모습. 이 새순을 따주기해줍니다.

순 따주기 직후

5월에 새 모종인 '요한 슈트라우스'를 큰 화분으로 이식했다. 약 일주일 후에 그루터기에서 자라난 새순을 따주기했다.

순 따주기 10일 후

순 따주기한 부분의 바로 아래 마디(잎의 밑동)에서 새싹이 자라나기 시작했다.

순 따주기 30일 후

순 따주기한 바로 아래 마디와 그 아래 마디에서 또 1개의 새싹이 발생했다. 두 갈래로 갈라져서 가지가 뻗어 나와, 가지가 전체적으로 굵어지고 충실해졌다.

장미와 함께 키우면 좋은 식물 추천

다른 식물을 장미와 함께 키우려면, 그 식물도 장미가 좋아하는 환경에서 생육할 수 있어야 합니다. 그러나 장미를 능가하는 기세로 생육하는 식물은 장미가 성장하는 데 방해가 되므로 주의가 필요합니다.

추천할 식물은 꽃이 오래 피는 숙근초(=宿根草. 다년초)나 잎이 화려한 식물입니다. 균형 있게 자랄 수 있도록 각 식물을 관리하면서 해충 대책과 비료 주기 등을 함께 신경 써야 합니다.

클레마티스 '아프로디테 엘레가푸미나'
(*Clematis* 'Aphrodite Elegafumina')

늦봄~이른 가을까지 간헐적으로 꽃이 핀다. 잎자루가 엉키지 않기 때문에 직립성 장미에 기대게 해도 된다. 추가 비료와 시든 꽃 자르기를 자주 해준다. 신구(新舊) 양쪽 가지가 모두 개화하면 높이 1~1.5 m가 된다.

에리게론 카르빈스키아누스
(*Erigeron karvinskianus*)

초여름~가을까지 연속적으로 꽃이 핀다. 생명력이 매우 강해서 땅에 떨어진 씨앗으로도 증식한다. 다 자랐을 때 높이는 약 20 cm, 울창하게 핀다.

제라늄 '아주르 러시'
(*Geranium* 'Azure Rush')

초여름~가을까지 연속적으로 꽃이 핀다. 제라늄 중에서는 내서성이 있는 편이며, 다 자랐을 때 높이는 약 30 cm, 울창하게 핀다.

휴케라
(Heuchera)

거의 일 년 내내 잎을 감상할 수 있으며 꽃도 아름답다. 품종에 따라 잎 색깔과 잎 모양이 다양하며 높이도 10~25 cm로 차이가 크게 난다.

버베나 '홈스테드 퍼플'
(*Verbena* 'Homestead Purple')

초여름~가을까지 연속으로 꽃이 피며 내한성이 뛰어나다. 포복성으로, 다 자랐을 때 높이는 약 15 cm. 자매 품종으로 '홈스테드 레드'가 있다.

일본조팝나무
(*Spiraea japonica*)

봄~여름까지 잎이 아름답고 초여름에는 꽃도 즐길 수 있다. 잎 색깔이나 꽃 색깔이 품종마다 다르다. 새 가지에 꽃이 핀다. 높이는 30~70 cm.

샐비어 네모로사 '카라도나'
(*Salvia nemorosa* 'Caradonna')

초여름~여름까지 연속적으로 꽃이 핀다. 짙은 자주색 꽃에 검은빛을 띤 줄기는 어떤 색깔의 장미와도 잘 어울린다. 다 자랐을 때 높이는 50 cm 정도.

클레마티스(Clematis) '천사의 목걸이'

늦봄~추석까지 연속적으로 꽃이 핀다. 직립성 장미를 버팀목 대신 피게 하면 좋다. 추가 비료와 시든 꽃 자르기를 자주 한다. 새 가지에서 꽃을 피우면 덩굴의 높이가 1~1.5 m가 된다.

가우라
(Gaura)

초여름~가을까지 연속적으로 꽃이 핀다. 꽃 색은 흰색, 복숭아색, 주홍색, 테 모양의 무늬 등이 있으며 품종에 따라 높이는 약 30~80 cm로 다양하다.

양국수나무
(*Physocarpus opulifolius*)

봄~가을까지 잎이 아름답고 초여름에는 꽃도 즐길 수 있으며 단풍도 아름답다. 잎 색깔과 잎의 형태, 나무의 형태, 다 자랐을 때 높이는 0.8~2 m로, 품종마다 다르다.

6월 잎이 떨어져도 포기할 수 없다!
검은무늬병에 걸린 장미 회복하기

장미를 재배하는 사람들의 공통된 고민은 검은무늬병이다. 중증이라도 포기하지 말 것. 발견하는 대로(6~9월 중에 최대한 빨리) 잘 매만지면 회복할 수 있다.

아직 증상이 가볍다면

초여름에서 가을 사이에 검은무늬병이 발생했지만 아직 건강한 잎이 남아 있다.

병든 잎을 따고 약제를 살포해서 병을 떨쳐내려고 노력하자!

검은무늬병이 군데군데 나타나는 병의 발생 초기라면 건강한 잎을 남기면서 회복시키는 것을 목표로 합니다. 병든 잎과 병든 잎에 접해 있는 잎은 모두 제거하고(작업①) 떨어진 잎도 제거한 뒤(작업②) 적절한 약제를 살포합니다(작업③). 상황을 살펴보면서 병든 잎을 따거나 약제 살포를 반복하면서 병을 떨쳐내기 위해 노력합니다. 8월 말까지 노력한다면, 대부분의 경우 가을 장미는 그런대로 꽃을 피웁니다.

관리 전

잎이 남아 있어 회복이 빠르다

관리 후

병든 잎을 빨리 발견하면 검은무늬병이 전체로 퍼지지 않고 건강한 잎을 조금이라도 더 남길 수 있다. 잎이 남아 있으면 광합성을 할 수 있기 때문에 조기 회복을 기대할 수 있다.

작업 ①

잎을 한 장씩 체크하고 건강한 잎은 남기면서 병든 잎을 제거한다.

작업 ②

낙엽은 한 장도 남기지 않고 정성껏 줍는다.

작업 ③

전체에 골고루 약제(124쪽 참조)를 살포한다. 이후 재발하지 않는지 관찰한다.

중증이 되어
버렸다면

거의 모든 잎에
검은무늬병이 발생해서,
잎이 대부분 떨어져버렸다.

과감하게 모두 떼어버리고
다시 시작하자!

전체에 검은무늬병이 발생했다면 과감하
게 잎을 모두 떼어버립니다. 떨어진 잎도
모두 제거한 후 적절한 약제를 살포합니
다(작업 ①~③).
그 후 새싹이 자라고 끝에 꽃봉오리가 맺
히면 2~3회 순 따주기를 해서 꽃은 피우
지 말고 잎의 매수를 늘립니다. 늦어도 8월
말까지 관리를 해주면 가을 장미가 필 가
능성이 있습니다.

관리
전

민둥한 모습이 되어도
회복 가능

관리
후

장미는 튼튼한 식물이므로
모든 잎이 없어져도 회복을 기대할 수 있다. 재
발하지 않도록 주의 깊게 관찰하고, 포기하지
말고 새잎이 나기를 기다린다.

작업 ①

많은 잎에 검은무늬병이 발생하기 때문에 망설
이지 말고 모든 잎을 제거한다.

작업 ②

낙엽은 한 장도 남기지 않고 정성껏 줍는다.

작업 ③

잎을 모두 제거한 후 약제를 살포한다(124쪽
참조). 이후 재발하지 않는지 관찰한다.

7월

월

더운 여름을 이겨내는 기술

더위 먹은 장미의
증상과 그 대응책

소중한 장미를
극심한 여름철
더위에서 지켜냅시다.

1. 스프레이 위트(Spray Wit)
2. 무라사키노엔(紫の園)
3. 턴 블루(Turn Blue)
4. 라군(Lagoon)
5. 교황 요한 바오로 2세(Pope John Paul)
6. 아프리카 스타(Africa Star)
7. 후지무스메(藤娘)
8. 이치요우(一葉)

블루 계열이나 화이트 계열의
장미를 장식해서, 더운 여름에
시원한 느낌을 연출했다.

더위를 싫어하는 품종의 더위 먹은 증상을 놓치지 말 것

장미는 기본적으로 더위에 약한 식물이 아닙니다. 하지만 일본의 여름은 습도가 높은 데다 기온도 높아 지역에 따라서는 열대야가 계속됩니다.

이러한 조건에서는 품종에 따라 더위 먹은 증상이 다양하게 나타납니다. 그중에는 바닐라 트위스트(Vanilla Twist)처럼 고사해버리는 품종도 있습니다. 여름철 더위 먹은 신호를 놓치지 말고 적절한 조치를 합시다.

더위 먹은 장미는 물과 비료를 줄이고 시원해지기를 기다린다

더위 먹은 증상을 보이는 장미 대부분은 더 이상 자라지 않거나 그에 가까운 상태가 됩니다. 그럴 때는 건강하게 만들려고 물이나 비료를 더 주게 되는데, 이것은 잘못된 생각입니다. 과도한 물 주기나 비료 주기는 오히려 뿌리를 손상시켜 장미가 고사하는 원인이 됩니다.

화분에 심은 장미는 반쯤 그늘진 곳이나 석양을 피할 수 있는 곳으로 옮겨서 화분 흙을 건조하게 관리하고 비료는 주지 않습니다.

애프리콧 드리프트

프린세스 시빌라 드 룩셈부르크

더위 먹지 않고 계속 피는 장미들

애프리콧 드리프트
(Apricot Drift)

여러 송이의 작은 꽃에서 큰 송이가 되고 끊임없이 개화한다. 내병성이 있다. 작은 크기의 반덩굴성(사진 위).

프린세스 시빌라 드 룩셈부르크
(Princesse Sibilla de Luxembourg)

적자색의 반겹 개화. 스파이스 계열의 강한 향이 있다. 내병성이 있고 수세가 강해 덩굴장미로도 키울 수 있는 대형 반덩굴성(사진 아래).

7^월 대처법이 모두 같은
다양한 더위 증상

여기에 소개하는 5가지 증상이 나타나면(동시에 여러 경우가 나타날 수 있음) 더위를 먹었을 가능성이 있으니 빨리 대처해야 합니다.

증상 1

아랫잎이 노랗게 변해서 잎이 떨어진다. 빠를 경우 6월경부터 나타날 수도 있다. 검은무늬병과 다른 점은 반점이 없다는 것.

증상 2

잎이나 새싹이 황백화 현상을 일으키고 동시에 성장이 정지한다.

황백화(chlorosis) 현상: 엽록소가 제대로 생성되지 않아 희미하게 색이 빠지거나 황백색이 되기도 하는 현상

증상 3

잎의 가장자리가 안쪽이나 바깥쪽으로 젖혀지거나 움츠러든다.

노랗게 변해서 결국 낙엽이 진다.

전체 잎이 노랗고 낙엽이 없는 경우에는 비료가 부족하다는 뜻.

희미하게 색이 빠지지만 낙엽은 지지 않는다.

숟가락 모양으로 안쪽으로 젖혀진다 (바깥쪽으로 젖혀지는 경우도 있다).

증상이 나타나기 쉬운 품종

- 클로드 모네(Claude Monet)
- 잉그리드 버그만(Ingrid Bergman)
- 디스턴트 드럼(Distant Drums)
- 우죠(鵜匠) 등

증상이 나타나기 쉬운 품종

- 랩소디 인 블루(Rhapsody in Blue)
- 씽킹 오브 유(Thinking of You)
- 소나도르(Sonador) 등

증상이 나타나기 쉬운 품종

- 프린세스 드 모나코 (Princesse de Monaco)
- 나헤마(Nahema)
- 윈드 플라워(wind flower)
- 씽킹 오브 유(Thinking of You) 등

꽃봉오리가 피면 모두 제거해서 에너지를 보존한다.

물을 주지 않고 용토를 말린다. 비료를 주지 않는다.

화분에 심은 경우 석양이 비치지 않는 그늘이 반쯤 지는 곳으로 옮긴다.

소중한 화분이라면 야간에만 에어컨이 있는 방에 둔다.

증상 4

가지가 검은색으로 변하거나 시들기도 한다.

증상 5

꽃가지가 충분히 자라지 않아 길이가 짧은 상태로 꽃봉오리가 달리고 개화한다.

여름철 더위를 먹었을 때는 비료와 물을 주지 않는다

각종 증상 외에도 비료를 주는데 더 이상 자라지 않는다면 더위를 먹은 것으로 판단할 수 있습니다.

정원에 심은 경우

기본적으로는 더위가 수그러들 때까지 내버려둘 수밖에 없습니다. 빛을 차단하면 증상을 완화할 수 있습니다.

화분에 심은 경우

반쯤 그늘이 지는 곳으로 이동시킵니다. 그런 곳이 없는 경우에는 가급적 통풍을 잘 시키고, 햇빛 반사를 피하기 위해 받침이나 발판에 올려서 지면에서 떼어놓는 것도 효과적입니다. 또 가능하다면 에어컨이 있는 방에 야간에만 들여놓으면 증상이 크게 개선됩니다.

정원에 이식한 것이든 화분에 이식한 것이든 모두 비료를 주지 않고 흙도 마르게 합니다. 또 여름철 더위를 먹은 장미에 꽃봉오리가 맺히면 조금이라도 에너지를 아낄 수 있도록 꽃봉오리를 제거하는 것이 좋습니다.

새 가지인데 검다.
(시들지 않았으면 자르지 않는다)

일반적으로는 몇 마디 자라고 잎이 여러 장 펼쳐진 후에 꽃이 핀다.

비료가 떨어져도 비슷한 증상이 나타나는데 그런 경우에는 전체 잎이 노랗게 변한다(57쪽 참조).

증상이 나타나기 쉬운 품종
- 서머 송(Summer song)
- 시티 오브 런던(City of London)
- 갈라하드 경(Sir Galahad) 등

증상이 나타나기 쉬운 품종
- 프린세스 오브 웨일스 (Princess of Wales)
- 젠틀 허미언(Gentle Hermione)
- 이치요(一葉) 등

7^월 포인트는 3가지!
한여름 장미 관리법

정원에 이식한 장미에도 물을 주는 등 여름에는 다른 계절에는 별로 하지 않는 작업이 생길 수도 있습니다. 상황에 따라 적절하게 관리하는 것이 좋습니다.

여름철 물 주기는 횟수보다 양이 중요

point 1

정원에 심은 경우

그루터기 부근에 호스의 끝을 놓아 땅속으로 물이 확실하게 스며들게 한다.

30℃가 넘는 날이 계속되고 비가 일주일 넘게 오지 않을 때는 정원에 심은 장미에도 물을 주어야 합니다. 흙이 마른 상태로 계속 두면 장미가 잎을 단 채 휴면 상태에 빠져버리고 날씨가 선선해진 뒤에도 순조롭게 싹이 트지 않아 가을 장미가 피지 않을 수도 있기 때문입니다.

물을 줄 때는 샤워기로 위에서 물을 뿌리기만 해서는 흙 표면에서 몇 cm 정도만 물이 스며들어 충분하지 않습니다. 그루터기 부근에 호스 끝을 놓아두고 물이 흐르는 채로 잠시 두어 주변이 물에 잠길 정도로 줍니다. 호스의 위치를 옮기면서 2~3바퀴 돌면 충분한 양의 물을 줄 수 있습니다.

정원에 심은 장미에 물을 줄 때는 횟수보다 양이 중요하다는 것을 기억해야 합니다. 일주일에 한 번이라도 좋으니 시간을 들여 듬뿍 줘야 합니다.

✕

위쪽으로 단시간 물을 뿌리기만 해서는 충분하지 않다!

화분에 심은 경우

더위를 먹었는지 성장 중인지를 판단해서 물의 양을 조절한다

화분에 심은 장미는 흙의 표면이 마르면 바로 물을 줍니다. 여름철 더위를 먹지 않고 평소대로 잘 자라고 있는 장미는 화분 흙에서 물을 빨아들이는데, 동시에 고온에 의해 화분 흙에서 수분이 증발하곤 합니다. 따라서 화분 흙이 쉽게 마르기 때문에 한여름에는 하루에 1~2회 물 주기가 필요합니다.

여러 가지 더위 먹은 증상이 나타나 생육이 정지되었다면, 장미 자체가 물을 거의 흡수하지 않기 때문에 화분의 흙이 잘 마르지 않습니다. 더위 먹은 장미와 잘 자라고 있는 장미가 같은 장소에 있는 경우, 잘 자라는 것에 맞춰 물을 주면 더위 먹은 것은 뿌리가 썩으면서 고사합니다. 더위를 많이 먹은 것에는 과습하지 않도록 주의하고, 경우에 따라 심은 장소를 분리하는 등 물 주는 빈도를 조절해야 합니다.

더위를 먹지 않고 정상적으로 계속 잘 자라는 장미는 순차적으로 새싹이 돋아난다.

순조롭게 자라면 비료가 부족하기 쉬우므로 주의

point 2

비료가 부족한지 아닌지는 잎의 색깔이나 새싹의 성장으로 판단

순조롭게 자라는 장미는 여름에도 비료가 부족할 수 있습니다. 이런 장미에는 비료를 더 줘야 합니다. 더위 먹은 증상의 경우 고온기에 자란 일부의 잎에만 황변 현상이 나타나다 가 결국 낙엽이 지지만, 비료가 부족하면 전체 잎 색깔이 누런색을 띠며 새싹이 잘 자라 지 않습니다.

화분에 심은 장미는 한 번에 많은 비료를 줄 수 없는 데다, 물을 줄 때마다 화분 바닥에서 비료 성분이 흘러나갈 수 있어서 감사비료를 줘도 비료가 부족할 수 있습니다. 특히 사계 절 품종은 계속해서 꽃이 피기 때문에 많은 에너지가 필요합니다.

비료가 부족한 것

건강한 것

동일 품종을 비교하면 비료가 부족한 것은 전 체의 잎이 누런빛을 띤 초록색이 된다.

건강한 것은 녹색의 새싹이 돋아나온다.

진드기 대책

point 3

고온과 건조한 환경에서 발생하기 쉬운 진드기, 물 샤워로 제거하기

진드기류는 초여름부터 여름에 걸쳐 많이 발생하며 비를 잘 맞지 못해 건조해지기 쉬운 베란다에서는 거의 일 년 내내 발생합니다. 진드기류는 물을 싫어하므로 호스나 물뿌리 개의 주둥이로 잎 뒷면을 중심으로 힘차게 물을 뿌려 해충을 제거합니다.

잎의 주름이 깊은 품종(해당화 계열의 품종, 올드 로즈 등)이나 미니 장미가 피해를 입기 쉬우므로 주의해서 잘 관찰해야 합니다.

정기적으로 잎에 물을 뿌려 진드기 발생과 확 산을 방지한다.

진드기류
잎이 긁힌 것처럼 되며 피해가 심해지면 낙엽이 진다. 거미줄 같은 것을 치기도 한 다. 발견하면 잎을 따서 처분한다. 다른 식 물에도 잘 발생하는 해충이므로 주위 식 물도 꼼꼼하게 확인하는 것이 좋다.

8 월

**가을에 아름답게
꽃을 피우기 위해**

여름철 가지치기와
생육이 불량한
장미 회복시키기

더위가 심한
계절이지만
가을 장미를
피우기 위한 첫걸음이
시작됩니다.

다시 핀 장미를 잘라서 수반에 띄우니 청량한 느낌이 듭니다.

가지치기로 조절해서 가을에 필 장미의 개화를 준비

순조롭게 잘 자란 장미는 늦여름이 되면 수고(나무의 키)가 커지기도 하고, 꽃잎의 형태가 흐트러지기도 합니다. 8월 하순~9월 초순에 가지치기를 하면 이런 현상을 다소 조절할 수 있어 좀 더 아름다운 모습의 가을 장미를 볼 수 있습니다. 또 한철 개화성 품종은 다음 해 봄 개화할 때 모양이 작아집니다.

수고가 크고 가지가 가운데로 잘 모여 자라는 것 중에서도, 한 그루 안에서 꽃이 핀 후의 가지와 꽃봉오리를 맺은 가지 등이 혼재해서 성장 단계는 다양합니다. 여름에 가지치기를 하면 이런 문제를 해결할 수 있고 가을에 꽃을 제대로 피울 수 있습니다.

생육이 불량한 장미 회복시키기

더위를 먹은 장미는 기온이 떨어지기 시작하는 늦여름부터 초가을에 걸쳐 회복시키기 위한 관리를 해야 합니다.

또 이 시기부터는 풍뎅이의 유충에 피해를 많이 입기도 하는데, 발견할 경우 즉시 조치를 취해야 합니다.

슈퍼 트루퍼
안젤리카

이달의 주요 작업

여름철 가지치기
생육이 불량한 것들을 회복시킨다.

이달의 관리법

두는 장소	여름 더위 먹은 증상이 보이는 장미의 화분은 석양이 비치지 않는 곳으로 옮긴다.
물 주기	비가 오지 않는 날이 계속되면 정원에 이식한 것은 일주일에 한 번 물을 듬뿍 준다. 화분에 이식한 것 중 더위 먹은 증상이 보이면 물 주기를 조심한다. 생육이 순조로운 화분은 거의 매일 준다.
비료	여름 더위 먹은 증상이 나타나는 장미에는 주지 않는다. 정상적으로 자라고 있는 장미에는 여름 가지치기 전에 비료를 추가로 준다.
병충해	검은무늬병 등의 방제(그 외의 병충해는 123~125쪽 참조)

가을에도 잘 피는 직립장미

슈퍼 트루퍼
(Super Trouper)

선명한 형광색을 발하며, 개화 후 붉은빛을 띤다. 가지가 잘 갈라지고 작게 생육한다. (사진 위)

안젤리카
(Angelica)

중간 정도의 꽃송이가 여러 송이로 개화한다. 프루티 계열의 강한 향. 가지가 가운데로 모여 작은 줄기로 자란다. (사진 아래)

8월 가을에 아름답게 꽃을 피우기 위한 관리법
여름철 가지치기

여름철 가지치기의 목적을 이해하고 현재 장미의 상태를 진단한 후 대처하면 됩니다.

가지치기 전에 알아두어야 할 것

여름에 가지치기를 하지 않으면 장미는 어떻게 될까?

수고가 큰 장미는 가을 개화할 때까지 그대로 방치하면 더 높은 위치에서 꽃을 피우기 때문에 꽃을 감상하기 어려워집니다. 또 강풍이 휘몰아쳐 가지가 부러지기도 합니다. 작은 것이라면 그런 걱정을 할 필요가 없지만 이 시기의 장미는 한 그루 안에서 가지의 생육 단계가 다양하므로 가을철 개화 시기를 맞출 수가 없습니다.

여름에 가지치기를 하지 않아도 가을 장미는 핀다

여름 더위와 병충해에 피해를 입어 잎이 거의 없어진 장미는 수고가 아무리 커도 가지치기를 권장하지 않습니다.
이런 장미는 검은무늬병에 걸린 것(50~51쪽 참조)이나 여름철 더위 먹은 것(63쪽 참조), 상태가 나쁜 것(64쪽 참조)들이 어떻게 회복하는지 참고해서 다시 살릴 수 있도록 시도해야 합니다. 장미가 핀 모습이 이상적이지는 않겠지만 일단은 가을에 장미를 피우게 하는 것이 목표입니다.

여름 가지치기는 필수 작업이 아니다

이상적인 장미꽃의 모습을 그리고 있지 않거나 한 번에 개화하는 것을 원하지 않으면, 여름 가지치기를 하지 않아도 가을에 장미를 개화시킬 수 있습니다. 여름철 가지치기는 필수 작업은 아니지만 그래도 되도록 하는 것이 좋습니다.

한철 피는 품종의 경우 여름 가지치기의 장점

한철 피는 품종은 가을에는 개화하지 않지만, 너무 크게 자랐다면 이 시기에 가지치기를 해서 다음 해 봄에 아담한 모습으로 꽃을 피울 수 있습니다. 품종에 따라 겨울 가지치기를 너무 많이 하면 꽃을 피우지 않을 위험이 있으나 이 시기에 가지치기를 하고, 그 후에 자란 가지는 자르지 않고 그대로 남기면 확실하게 꽃을 피울 수 있습니다. 다만 덩굴장미의 크기를 조절하기 위한 가지치기는 이 시기보다 앞서 꽃이 핀 후에 하는 것이 좋습니다.

여름에 가지치기를 해서 수고를 낮췄다. 꽃을 감상하기 좋다.

수고가 높은 장미

직립성, 사철 개화성,
반복 개화성의
반덩굴장미

수고를 낮추고
개화 시기를 맞추기 위한 가지치기

수고가 큰 장미는 조금이라도 낮추기 위해 짧게 자르고 싶겠지만 아무리 잘라도 이번화(두 번째 꽃)가 핀 가지의 위쪽~중간에서 멈춰야 합니다. 더 이상 잘라버리면 잎의 매수가 너무 줄어들기 때문에 순조롭게 싹트지 않을 수 있기 때문입니다.

질병 등의 이유로 잎의 매수가 적은 것은 이런 점에 더욱 유의하고, 경우에 따라 가지치기를 하지 않는 선택지도 있습니다. 또 가지치기 7~10일 전에 감사비료와 마찬가지로 추가 비료를 주면 새싹이 원활하게 자랍니다.

**자르기 전에
가지를 확인하자!**
순조롭게 잘 자란
장미라면 이 시기에
이번화부터 사번화의
가지까지 나온다. 여름철
가지치기를 할 때는 가장
짧게 자를 경우에도
이번화가 핀 가지의
위쪽~중간까지로 한다.

삼번화의 가지

이번화의 가지

일번화의 가지

가지치기하기 전
8월 하순, 직립성인
'토보네(Tobone)'는 삼번화가
피고 2.5 m 가까이 성장한다.

가지치기 후
이번화의 가지 중앙 부근에서
잘라 나무의 키를 낮췄다.

가을 개화
11월 중순에 가지치기를 해서
꽃이 피는 위치를 조금은
낮출 수 있었다.

수고가 낮은 장미

case
2

직립성, 사철 개화성,
반복 개화성의
반덩굴장미

개화 시기를 맞추기 위한 가지치기

수고가 낮은 장미는 한 그루 내에서 개화 시기를 맞추는 것이 주된 목적이므로 전체적으로 형태가 정돈될 수 있도록 가볍게 가지 끝을 잘라냅니다. 자르는 위치가 삼번화나 사번화의 가지가 되는 경우가 많은데, 잎이 많이 남기 때문에 Case ①보다 순조롭게 싹을 틔웁니다(비료 주기는 Case ①과 마찬가지로 합니다).

8월 하순, 직립성인 '서던 호프(Southern Hope)'는 나무 높이가 약 1 m로 작은데, 새싹이나 꽃봉오리, 막 핀 꽃, 활짝 핀 꽃 등 가지마다 성장 단계는 제각각이다.

가지치기 전

가지치기 후
형태를 정돈하는 느낌으로 정리했다.

개화
11월 초순, 전체에 꽃봉오리가 피고 개화했다.

한철 개화성의 덩굴장미와 반덩굴장미

case 3

너무 자라서 곤란해진 장미의 가지치기

Case 1과 2처럼 키를 낮추는 가지치기와 달리, 한철 개화성인데 너무 성장해서 곤란해진 장미에만 해당하는 가지치기입니다. 길게 자라난 새순을 과감히 짧게 잘라냅니다. 짧게 자르면 자를수록 나무의 기세가 떨어져서 가지와 잎이 작아집니다.

과감하게 짧게 가지치기한다

가지 끝

가지치기 후에 뻗어 나온 가느다란 가지

가지치기를 한 위치

뻗어 나온 가지를 자르지 않고 남겨서 다음 해 봄의 꽃가지로 한다.

가지치기 후
기본적으로 비료를 줄 필요는 없다. 그러나 두드러지게 싹이 잘 트지 않는다면 비료를 소량 준다.

8월 가을에 아름답게 꽃피우기 위한 관리
생육이 불량한 장미 회복법

기온이 선선해지면 더위 먹은 장미를 회복시키기 위한 작업을 합니다. 풍뎅이 유충 피해를 발견한다면 빠르게 대처합니다!

더위 먹은 증상이 나타난 장미 사례

회복법 최고 기온이 30℃를 밑돌면 서서히 비료를 주기 시작

54~55쪽에서 설명한 더위 먹은 증상으로 성장이 멈췄던 장미는 시원해지면 다시 자라기 시작합니다.

회복을 돕기 위해 묽은 액체 비료(하이포넥스 분말을 용해하여 사용)와 활력제를 뿌려줍니다. 새싹이 자라자마자 꽃봉오리가 맺히는 경우에는 여러 번 순 따주기(손으로 곁순을 잘라내는것)를 해서 잎의 매수를 늘린 후 꽃을 피웁니다.

더위를 먹어서 가지가 시들어버린 '랩소디 인 블루(Rhapsody in Blue)'

새잎이 나오면 몇 차례 순 따주기를 한다.

8월 생육이 나빠진 개체 회복하는 방법

생육 상태가 나빠서 화분 흙이 눅눅하고 이상한 냄새가 나는 사례

 회복법 해충의 피해를 입었으므로 흙을 파헤쳐서 다시 심어야 합니다!

이 시기에는 지금까지 건강했던 장미가 급속하게 생기를 잃고 잎이 노랗게 변해서 낙엽이 지거나 가지가 시들 수 있습니다. 화분 흙이 항상 습하거나, 질척한 상태로 겉흙에서 잡초가 쉽게 빠진다면 풍뎅이류 유충의 피해를 입었을 가능성이 높습니다.

화분에서 모종을 뽑아서 유충이 확인되면 뿌리를 물로 씻고 비료 성분이 적은 꺾꽂이용 용토 등을 넣은 작은 화분에 심습니다. 그 후에는 반쯤 그늘진 곳에서 관리하는데, 싹이 자라기 시작하면 뿌리가 재생하기 시작한다는 신호입니다. 햇볕이 잘 드는 장소로 옮겨서 묽은 액체 비료(규정된 희석 배율이 1,000~2,000배라면 묽은 쪽은 2,000배로 희석)를 천천히 줍니다.

이 증상을 보이면 회복하는 데 시간이 걸리기 때문에 가을에 꽃이 피지 않을 수도 있지만, 다음 해 봄에 꽃을 피우기에는 충분한 시간입니다.

유충의 피해를 입은 장미를 다시 살리는 방법

준비물 ● 조금 작은 그릇   ● 시판되는 꺾꽂이용 용토

step 1
배수가 잘 안 되어 흙이 질척하다. 파보니 안쪽에 풍뎅이의 유충이 있었다.

step 2
뿌리 형태가 흐트러져 있고 풍뎅이의 유충이 잠식해 잔뿌리가 없어지고 연약하다.

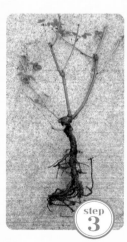
step 3
손상된 부분을 제거하기 위해 뿌리를 물로 씻는다.

step 4
새 화분에 꺾꽂이용 용토를 넣어 심은 후 물을 듬뿍 주면 완료. 그늘진 곳에서 관리하면서 모습을 지켜본다.

step 5
약 40일 후 잎이 파릇파릇하게 우거지며 회복되었다.

여름 장미를 재배할 때의 Q&A

초여름부터 늦여름까지 자주 발생하는 3가지 문제에 대한 답을 소개합니다.

이번화가 피지 않습니다.

꽃이 핀 후에 가지치기를 하고 감사비료를 주었는데 새싹이 자라지 않고 이번화도 피지 않았습니다. 질병에 걸려 낙엽도 지지 않습니다. 햇볕이 잘 드는 장소에도 놓아두었는데 도대체 무엇이 원인일까요?

품종의 특성일 가능성이 있습니다.

적절한 관리를 해서 특별한 문제가 없는 경우에도 간혹 이번화의 가지가 자라지 않는 경우가 있습니다. 원인은 품종의 특성일 수 있습니다. '블루 나일'과 '카페' 등 일부 품종은 사철 개화성이기는 하지만 원래 이번화의 가지가 싹이 잘 트지 않는 경향이 있습니다. 이런 품종은 다른 품종보다 감사비료를 많이 주고 활력제를 정기적으로 주는 등 충분한 관리가 필요합니다.

이번화가 작은 이유는?

꽃이 핀 후에 가지치기를 하고 감사비료를 주었는데, 이번화가 일번화에 비해 너무 작습니다. 비료가 부족해서일까요?

기온이 높기 때문입니다.

사철 개화성이나 반복 개화성 품종은 간토 지방 이서의 평지에서는 6월 중순~7월 초순에 이번화가 핍니다. 이 꽃들은 봄철의 일번화에 비하면 꽃의 지름이 작고 색깔도 전반적으로 연하며 꽃잎의 매수도 적은데, 이는 기온이 높기 때문이지 비료가 부족하기 때문은 아닙니다. 여름이 되어 기온이 높아질수록 이런 경향은 더욱 강해집니다. 반대로 가을이 되어 기온이 내려가면 원래 꽃 크기로 돌아갑니다.

더위에 약한 장미를 정원에 심을 경우 주의할 점은?

'랩소디 인 블루'의 꽃을 좋아해서 키우고 싶은데 더위에 약하다고 들었어요. 정원에 심어서 키우려고 하는데 주의할 점이 있을까요?

열이 고이기 쉬운 벽 옆이나, 석양이 쬐는 장소를 피합니다.

정원에 심은 장미는 화분에 심는 경우처럼 그늘진 곳으로 이동시킬 수 없으므로 심는 장소를 신중하게 선택해야 합니다.

먼저, 석양이 비치지 않는 건물의 동쪽을 선택합니다. 동쪽 중에서 건물 벽 쪽은 벽에 열이 차서 기온이 높아지므로 피합니다. 또 장미 주위의 식물이 너무 무성해지지 않도록 주의하고 되도록 통풍이 잘되는 상태를 유지하는 것도 중요합니다. 이렇게 하면 더위에 약한 품종이라도 대부분 튼튼하게 키울 수 있습니다.

9 ^월

가을 장미 시즌이 오기 직전!
소중한 장미를 태풍으로부터 지키기

가을비나 태풍은 장미에 피해를 줄 위험이 있습니다. 가을 장미까지 이제 얼마 남지 않았으니 분발해봅시다.

장미 덩굴은 오벨리스크(obelisk)나 아치 같은 지지대 외에, 수목을 이용해서 유인하는 것도 멋진 방법이다. 단풍나무 줄기에 달라붙어서 핀 것은 '코티지 로즈(Cottage Rose)'. 초록색과 조화로운 연한 핑크색 꽃이 아름답다. 단풍류는 장미와 마찬가지로 하늘소의 피해를 받을 수 있으므로 한꺼번에 방제해야 한다.

미리 대책을 마련해서 피해를 최소화한다

9월이 되면 드디어 기온이 안정되어 사람뿐만 아니라 장미에도 쾌적한 계절이 됩니다. 하지만 이 시기에는 태풍이 와서 큰 피해가 발생하는 경우가 있습니다. 자연현상이니 어쩔 수 없다고 체념하기 쉽지만, 미리 대책을 마련해두면 피해를 최소화할 수 있습니다.

여러분의 소중한 장미를 강한 비바람으로부터 보호하기 위한 대책을 소개합니다.

병충해에도 주의

9월은 가을 장마철이기도 해서, 6월의 장마와 마찬가지로 검은무늬병 등에 시달리기 쉽습니다. 또 태풍이 몰고 오는 강한 비바람과 해충 피해 위험이 커지는 시기입니다.

초가을에 주의해야 할 해충은 진드기류 등 여러 종류가 있습니다. 흰가룻병도 기온이 낮아지면서 재발합니다. 123~125쪽을 참고해서 방제를 해야 합니다. 검은무늬병에 걸린 장미는 중증이라도 이달의 관리법을 참고하면 가을 장미가 필 가능성이 있습니다. 50~51쪽을 참조하여 노력해보세요.

서던 호프
폴라리스 알파

이달의 주요 작업

태풍으로부터 장미 보호
검은무늬병에 걸린 장미의 회복(50~51쪽 참조)
화분 모종 이식(84~85쪽 참조)

이달의 관리법

두는 장소	반일 이상 햇볕이 드는 곳
물 주기	화분에 이식한 것은 거의 매일, 정원에 이식한 것은 필요 없음
비료	화분에 이식한 것, 정원에 이식한 것 모두 필요 없음
병충해	풍뎅이 유충 등의 방제(그 외의 병충해는 123~125쪽 참조)

가을에도 잘 피는 직립성 장미

서던 호프
(Southern Hope)

꽃은 오렌지빛이 도는 연한 핑크. 꽃이 잘 피고 오래가며 끊임없이 핀다. 개체가 작아서 화분에 심기에도 적합하다. 강건하다. (사진 위)

폴라리스 알파
(Polaris Alpha)

붉은빛이 없는 싱그러운 노란색으로, 가을에도 꽃이 많이 핀다. 약간 작은 꽃에는 새콤달콤한 향기가 난다. 내병성도 있다. (사진 아래)

9월 비바람으로부터 장미를 보호하는 방법
태풍 피해를 최소화하는 대책

태풍에 빨리 대처하는 것이 가장 중요합니다. 작업하는 동안에는 자신의 안전에도 유의해야 합니다.

장미는 날씨에 민감하므로 태풍 정보는 빨리 파악할 것

식물을 재배하는 데 날씨 체크는 필수이므로 평소 항상 신경을 써야 합니다. 9월은 식물에 큰 피해를 주는 태풍이 오고 가을비가 내리는 시즌이므로 평소보다 민감하게 관리할 필요가 있습니다. 태풍의 진로를 재빨리 파악하고 미리 대책을 마련해서 피해를 최소화합시다.

제시간에 맞춰 할 수 없을 때는 우선순위를 정해서 작업

태풍이 다가오는 속도가 너무 빠른 경우, 제시간에 조치를 취하지 못할 수 있습니다. 이때는 정원 내에서도 바람이 통과하는 장소, 가지가 길게 뻗어 있는 장미, 비틀비틀 넘어질 것 같은 장미, 덩굴장미의 새순 등을 우선 조치합니다.
비바람이 강해진 후에 작업하면 위험해질 수 있으므로 무리하지 않도록 합니다.

태풍 대비는 상황에 따라 다르게

70쪽부터 재배 상황에 따라 다른 3가지 중요한 대책을 소개합니다. 장미의 개수가 많은 사람은 작업에 시간이 걸리는 Case ①과 Case ②부터 시작합시다.
또 장미의 수에 맞춰 지지대와 방풍용 그물망 등을 태풍이 발생하기 전에 준비해 둡시다.

태풍이 통과한 후에는 병충해에도 주의

9월은 6월과 마찬가지로 태풍과 가을비로 강수량이 많습니다. 그래서 검은무늬병이 발생하기 쉽고, 지금까지 순조롭게 자라던 것이 이 시기에 한꺼번에 잎을 떨어뜨리는 경우도 종종 있습니다. 자주 관찰해서 조기에 대처하도록 신경을 써야 합니다.
또 태풍이 오면 강풍에 의해 뿌리가 흔들리고 장미 자신의 가시로 잎이나 줄기에 많은 상처를 내기 쉽습니다. 게다가 병이 든 잎이나 해충이 강풍에 날아와서 단번에 병충해가 퍼지는 경우가 있습니다. 따라서 태풍이 통과한 후에는 평소보다 더 주의를 기울여야 합니다.

해안 지역은 염해에도 주의

해안 지역에서는 태풍으로 바닷물이 침수되거나 바람을 타고 날아온 염분이 잎에 달라붙어 염해가 발생할 수 있습니다. 장미의 염해는 잎의 가장자리가 갈색으로 변색되는 경우가 많고, 심하면 가지와 잎이 부분적으로 시들거나 새싹이 검게 탄 것처럼 변색되기도 하는데 원래대로 돌아오지 않습니다.
염해를 억제하기 위해서는 비가 그친 시점에 잎 표면을 민물로 여러 번 씻어내는 것이 가장 좋습니다.

염해로 잎 가장자리가 변색된 모습.

태풍 피해 대비에 필요한 도구들

망치
지지대를 지면에 박을 때 사용한다.

끈(황마 끈, 코이어로프 등)
지름 5 mm 정도의 굵고 튼튼한 것을 추천한다. 가는 것은 바람의 압력을 견디지 못하고 끊어질 수 있다.

지지대
장미가 쓰러지는 것을 방지하거나 방풍용 망의 지지체로 사용한다. 길이는 장미 크기에 맞추는데 너무 긴 것은 바람에 넘어질 수 있으므로 1.5~1.8 m 정도를 유지하는 것이 안전하다. 또 지지대가 가늘면 장미 줄기가 통째로 꺾일 수 있으므로 지름 2 cm 정도의 굵직한 것을 추천한다.

방풍용 그물망
강하게 부는 바람을 약화시키기 위한 그물. 차광망이나 어망 등을 사용해도 된다. 정해진 크기의 제품뿐만 아니라, 홈 센터 등에서 잘라서 판매하는 것도 있다.

누름돌(벽돌, 모래 자루)
방풍용 망이 강풍으로 말려 올라가거나 날려 가는 것을 방지하기 위해 사용한다.

장미 재배를 위한 깨알 지식

태풍 진로 체크하기
태풍은 중심을 향해 소용돌이치듯이 시계 반대 방향으로 강한 바람이 붑니다.
진행 방향의 오른쪽은 태풍이 진행되는 방향과 태풍으로 흘러 들어가는 바람의 방향이 겹치기 때문에 더 강한 바람이 됩니다. 따라서 왼쪽보다 강한 바람이 불어 큰 피해를 줄 수 있습니다. 태풍이 자신의 거주 지역을 지나갈 때 어느 쪽으로 지나가는지 아는 것도 중요합니다.

왼쪽은 오른쪽보다 바람이 약하다

오른쪽은 바람이 훨씬 더 강하다

잎이 무성할수록 피해를 입기 쉽습니다. 귀찮더라도 한 번만 수고하면 피해를 줄일 수 있습니다. 비바람으로부터 장미를 보호하세요.

정원에 심은 직립장미와 반덩굴장미

case 1

지지대를 세우고 방풍용 그물망을 친다

직립성이나 자립해 있는 반덩굴성 품종은 중심에 견고한 지지대를 세우고, 그 지지대를 축으로 뻗어 나간 가지를 모아서 끈으로 2~3군데를 묶습니다.

다시 네 모서리에 지지대를 박아 장미를 감싸듯이 방풍 네트로 에워싸고 그 끝자락을 누름돌로 고정시킵니다(바로 위는 열려 있어도 문제없음). 여러 그루가 인접한 경우에는 각각 지지대를 세우고 주위를 방풍용 그물망으로 에워싸면 됩니다.

중심에 있는 1개의 지지대와 묶기만 해도 효과를 얻을 수 있으므로, 개수가 많아 작업이 늦어진다면 태풍 대책은 '폭넓고 가볍게'라는 방향으로 전환합니다. 또, 반덩굴성이라서 에워싸지 못하는 긴 가지가 있는 경우, 뿌리째 부러지는 것보다는 낫다고 생각하고 미리 끝부분을 잘라서 바람의 영향을 덜 받게 하는 것도 방법입니다.

step 1

중심에 지지대를 단단히 세운다.

step 2

중심의 지지대를 축으로 해서 주위의 가지를 졸라매듯이 묶는다.

step 3

졸라맨 장미의 사방에 지지대를 세운다.

step 4

지지대 4개를 방풍용 그물망으로 에워싸고 각 기둥에 끈으로 고정한다.

step 5

방풍용 그물망의 밑단이 말려 올라가지 않도록 벽돌 등 누름돌을 올린다.

step 6

태풍 대비 완료. 태풍이 지나가고 바람이 잔잔해지면 원래대로 돌려놓는다.

아주 강한 태풍이 통과하는 경우에는 이런 대비책으로 막는 것이 불가능할 수도 있습니다.

정원에 심은 덩굴장미

case 2

길게 뻗어 나온 가지를 가급적 구조물에 기대게 해서 묶고 고정시킨다

덩굴장미는 직립성보다 키가 크고, 게다가 가지가 길게 뻗어 있는 경우가 많아서 강풍에 피해를 입기 쉽습니다. 또 가지가 길기 때문에 덮으려고 방풍용 그물망을 치기도 어렵습니다. 강풍으로 가지가 부러지는 것을 조금이라도 막으려면 가급적 아치나 오벨리스크 같은 구조물에 기대게 해서 가지를 고정시킵니다. 특히 굵고 훌륭한 새순은 다음 해 봄에 개화의 주역이 될 가지이므로 단단히 고정해야 합니다.

사다리나 접사다리로 작업하는 경우는 안전을 제일 먼저 생각하고 자기 자신의 안전에도 유의합시다.

○ 아치의 예
길게 뻗은 가지를 아치에 붙여 묶는다.

오벨리스크의 예 ○
길게 뻗어 나온 가지끼리 묶기만 해도 효과를 볼 수 있으며, 지지대를 세워서 에워싸면 효과가 더욱 좋다.

화분에 심은 장미

case 3

바람이 잘 닿지 않는 장소로 이동시키거나 쓰러뜨려 방풍용 그물망을 씌운다

화분에 심은 것은 미리 바람이 잘 닿지 않는 건물의 그늘이나 헛간 또는 현관 내부, 실내 등으로 이동시켜 태풍이 지나갈 때까지 기다리는 것이 가장 좋습니다. 안전한 이동 장소가 없는 경우에는 화분을 쓰러뜨려 방풍용 망을 씌운 뒤 벽돌 등의 누름돌을 올려서 그물이 날아가지 않도록 합니다. 화분의 수가 많아 작업을 제때 할 수 없다면 넘어뜨려 두기만 해도 피해를 줄일 수 있습니다.

장기간 쓰러뜨린 채로 두면 가지 끝이 빛 쪽으로 휘어지기 때문에 태풍이 통과한 후에는 재빨리 원래대로 돌려놓습니다.

○ 실내로 옮겨놓는 경우
바닥에 까는 시트가 있으면 옮기기에 편리하다.

옥외에서 쓰러뜨릴 경우 ○
화분을 옆으로 쓰러뜨린다. 방풍용 망을 씌워 고정시킨다.

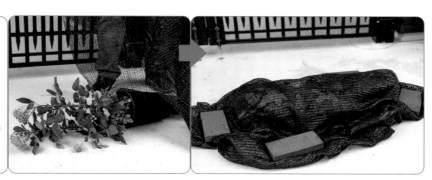

10 월

봄과 다른 매력이 가득한 가을 장미
개화 후 관리와 분갈이

아름다운 가을 장미는 평소 관리를 열심히 한 사람이 얻는 보상입니다!

가을

봄

봄과 다른 매력을 지닌 가을 장미 '벨베티 트와일라잇 (Velvety Twilight)'. 개성적인 물결 모양의 꽃이 피고, 티 계열과 다마스크 계열이 혼합된 강한 향기가 난다. 가을에는 꽃이 찻잔 모양이 되고 봄보다 색이 짙어진다. 작은 직립성이며, 내병성은 중간 정도.

봄과 다른 가을 장미의 매력

가을바람이 부는 10월은 봄 못지않게 아름다운 장미를 즐길 수 있는 달입니다. 가을은 봄에 비해 꽃의 숫자가 줄어들지만 봄과는 다른 매력이 있습니다.

가을에는 기온이 나날이 내려가므로 꽃이 천천히 피고 봄보다 더 오래 즐길 수 있습니다. 또 이 시기에는 밤낮의 온도 차가 커서 많은 품종이 봄보다 짙은 색깔의 꽃을 피웁니다. 꽃이 천천히 피어서 꽃잎이 충분히 성장하기 때문에 찻잔형 개화는 더 깊은 찻잔 모양이 됩니다. 전체가 부풀어 있는 듯해 보이며, 꽃 한 송이의 깊이가 더해지는 것이 가을 장미의 특징입니다.

가을 장미를 피우는 지름길은 품종 선택

봄철에 개화한 후 어떻게 관리하는지에 따라 아름다운 가을 장미를 즐길 수 있을지 없을지가 결정됩니다. 병충해로 잎이 떨어지면 장미는 힘이 없어져서 가을에 꽃이 순조롭게 피지 못합니다. 실제로 전문가라 해도 가을 장미를 아주 멋지게 피우는 것은 결코 쉬운 일이 아니어서, 장미 정원 중에서도 멋진 가을 장미가 피는 곳은 소수에 불과합니다. 하지만 초보자도 포기는 이릅니다. 최근 품종 개량으로 내병성이 강한 품종의 장미들이 등장해 재배하기가 상당히 쉬워졌습니다. 올해 마음먹은 대로 되지 않았다면, 품종을 잘 선택해서 다음 해에 도전해보세요.

가을 장미 후에는 내년을 준비

가을 장미 개화 후에는 시든 꽃 자르기 등 관리할 것들이 많습니다. 이런 일들을 끝낸 뒤 겨울 휴면기를 맞이합니다.

또 이 시기에는 개화 후의 가지를 이용해서 꺾꽂이를 할 수 있습니다.

로즈 퐁파두르(Rose Pompadour)

봄 / 가을

이달의 주요 작업
가을 장미의 시든 꽃 자르기
분갈이
꺾꽂이
검은무늬병에 걸린 개체의 회복 (50~51쪽 참조)

이달의 관리법	
두는 장소	반일 이상 햇볕이 드는 곳
물 주기	화분에 이식한 것은 2일에 1회, 정원에 이식한 것은 필요 없음
비료	화분에 이식한 것, 정원에 이식한 것 모두 필요 없음
병충해	검은무늬병 등 방제 (그 외의 병충해는 123~125쪽 참조)

10^월

올해의 꽃이 끝나면
내년을 대비한 가을철 관리

시든 꽃 자르기

꽃이 달린 줄기 끝에서 자르면
잎을 한 장이라도 더 많이 남긴다

가을 장미의 시든 꽃은 모두 꽃이 달린 줄기 끝에서 잘라, 휴면기에 접어들어 낙엽이 질 때까지 한 장이라도 더 잎을 남깁니다. 그러면 장미는 그만큼 광합성을 더 많이 해서 휴면 전 에너지를 비축할 수 있습니다.

검은무늬병 대책

자주 살펴보고 대처해서
병충해를 다음 해로 넘기지 않는다

장미는 휴면기에 낙엽이 떨어지기 때문에 이 시기의 병든 잎은 방치해버리기 쉽습니다. 하지만 그대로 방치하면 다음 해로 병을 넘기게 됩니다. 병든 잎은 발견하는 즉시 떼어내고 낙엽이 진 잎도 주워 모아 처리하고, 약재를 살포하는 등 자주 살펴보고 대처합니다. 다른 병충해도 마찬가지입니다.

가을 장미 즐기기

가을 장미가 멋지게 피었다면 생활 속에서 즐길 수 있는 2가지 아이디어를 소개합니다. 첫 번째는 정원에서 핀 화초와 함께 묶은 가을빛 꽃다발. 두 번째는 집에서 쉽게 할 수 있는 드라이 플라워 만들기. 올해 마지막 귀한 꽃을 가까이서 즐겨보세요.

✱ 가을빛 꽃다발

장미 6품종에 3종류의 정원 화초, 꽃나무를 합친 배치입니다. 노란색과 오렌지색 꽃들에 와인색의 장식용 종이를 매치시켰더니 가을과 잘 어울리는 이미지가 되었습니다.

1. 잉글리시 가든(English garden)
2. 리쿠 호타루(りくほたる)
3. 파미(Famy)
4. 트로피컬 셔벗(Tropical Sherbet)
5. 골든 스마일(Golden Smile)
6. 골든 올디(Golden Oldie)
7. 수크령 '루브룸'(*Pennisetum setaceum* 'Rubrum')
8. 코스모스 '오렌지 캠퍼스'(*Cosmos bipinnatus* 'Orange Campus')
9. 중국풍년화 '블랙펄'(*Loropetalum chinense* 'Black pearl')

봄과 마찬가지로
가을에도 꽃의 수가 많은 품종

사철 개화성 품종은 가을에도 개화합니다. 순조롭게 성장해도 대부분은 가을에 피는 꽃의 숫자가 봄에 비해 줄어듭니다. 하지만 그중에는 '아이스버그'처럼 가을에도 봄과 비슷하게 꽃을 피우는 품종도 있습니다.

아이스버그

젠(禪)

비료 주기

비료는 주지 않는다

휴면기로 접어드는 이 시기에 비료는 주지 않습니다. 이 시기에 비료를 주는 것은 인간에 비유하면 '한밤중에 커피 마시기'라고 할 수 있습니다. 장미가 편안하게 휴면할 수 없게 되기 때문이죠. 겨울이 되어도 휴면하지 못하면 냉해를 입거나 가지가 시들어버리기 쉽습니다.
가을 장미가 개화한 후에 잎이 약간 누런빛을 띠고, 비료가 떨어지는 중이면 관리가 이상적으로 되었다고 할 수 있습니다.

물 주기

서서히 줄여나간다

가을에는 기온이 저하되면서 점차 화분 흙이 잘 마르지 않게 됩니다. 동시에 순조롭게 휴면 준비를 하는 장미는 수분 흡수량이 조금씩 줄어듭니다. 그에 따라 물 주기의 빈도도 서서히 줄여가는 것이 중요합니다.
생육기와 똑같은 양으로 물을 주면 뿌리가 썩는 원인이 되므로 주의합니다. 가을 이후의 물 주기는 되도록 맑은 날 오전에 합니다.

가을에도 꽃의 수가 많은 품종

- 애프리콧 드리프트(Apricot Drift)
- 로잘리 라 몰리에르(Rosalie La Morlière)
- 코티용(Cotillion)
- 딥 보르도(Deep Bordeaux)
- 셰에라자드(Shahrazad)
- 장미 우라라(Rose urara)
- 생토노레(Saint-Honor)
- 셰어링 어 해피니스(Sharing a Happiness) 등

✽ 드라이플라워 만들기

① 드라이플라워용 건조제 1 kg을 입구가 넓은 용기에 담는다.

② 꽃줄기를 짧게 잘라 건조제 속에 꽃이 푹 파묻히도록 넣은 다음 용기 뚜껑을 덮고 일주일 정도 내버려둔다.

③ 건조한 꽃이 흐트러지지 않도록 천천히 꺼낸 다음, 꽃잎 속으로 들어간 건조제를 흔들어 털어낸다. 유리 용기 등에 넣어 장식하면 멋진 드라이플라워가 된다.

10월 내년을 대비한 가을철 관리

분갈이

분 모양으로 감긴 뿌리를
흩뜨려서 새 용토로 옮겨 심는다

화분에 심은 장미는 같은 흙에서 몇 년 동안 계속 재배하면 해마다 생육 상태가 나빠집니다. 따라서 불량한 생육 상태를 개선하기 위해 동절기에 화분에서 빼내 오래된 흙을 일정량 제거한 다음 새 흙으로 다시 심는 작업(=분갈이)을 합니다. 분갈이 주기는 7호 화분(화분 지름 21 cm) 이하인 경우는 매년, 8호 화분(입구 지름 24 cm) 이상은 2~3년에 1회가 기준입니다. 화분을 교체하는 적기는 가을 개화가 끝난 후 연말까지입니다. 시기가 늦어지면 작업할 때 잘린 뿌리가 충분히 재생되지 않는 상태로 봄의 맹아기를 맞이하게 되므로 생육에 나쁜 영향을 주게 됩니다.

step 1
꽃이나
새싹을 잘라낸다

분갈이 작업으로 뿌리가 절단되면 일시적으로 흡수 능력이 저하되므로 미리 증산 작용이 왕성한 새싹이나 꽃은 잘라내야 한다. 이와 동시에 마른 가지도 잘라버리는 것이 좋다. 또 가지가 길어서 작업이 어려운 경우에는 미리 가지를 묶거나 어느 정도 잘라낸다.

step 2
화분에서
장미를 빼낸다

밑동을 단단히 잡고 화분에서 장미를 빼낸다. 어렵다면 화분 옆면을 두드리면 수월하게 빼낼 수 있다.
화분 바닥에 뿌리가 튀어나온 경우에는 이 뿌리가 걸려서 뽑히지 않을 수 있으므로 튀어나온 부분을 잘라낸다.

준비물

- 작업용 양동이(시트 등으로 대용 가능)
- 시판 장미 전용 용토
- 화분 밑돌
- 흙 넣기용 삽
- 뿌리 갈퀴
- 물뿌리개
- 가지치기용 가위
- 막대기 또는 나무젓가락

step 3
뿌리 갈퀴로
겉흙을 긁어낸다

겉흙을 뿌리 갈퀴로 조심스럽게 털어낸다. 괭이밥 등 빼내기 어려운 잡초가 있는 경우에는 이 기회에 완전히 제거한다. 겉흙을 꼼꼼하게 긁어내면 잡초의 씨앗도 제거할 수 있다.

step 4
뿌리의 흙을
3분의 1 정도까지 털어낸다

분 모양으로 감긴 뿌리를 뿌리 갈퀴로 긁어내면서 조금씩 오래된 흙을 털어낸다. 전체의 3분의 1 정도까지 털어서 새 흙으로 옮겨 심으면 화분 갈이 효과를 충분히 얻을 수 있다.
털어낼 때 뿌리가 다소 잘려도 문제없다.

화분 바닥에
밑돌을 넣는다

원래의 화분을 재사용하려면 화분을 물로 꼼꼼하게 씻는다. 이 작업으로 화분에 붙어 있던 잡초의 씨앗도 씻어낼 수 있다.
세척 후 화분 바닥의 구멍이 가려질 정도로 화분 밑돌을 넣는다. 구멍이 하나일 경우 화분 바닥에 망을 깔고 밑돌을 넣는다.

step 5

장미를 화분 중앙에
놓고 주위에 흙을 넣는다

옮겨심기한 후 겉흙의 높이가 화분 테두리에서 3~5 cm 아래에 오도록 새 흙을 화분 밑돌 위에 적당량 넣는다. 가지의 균형이 잡히도록 화분 중앙에 장미를 놓고 주변 틈새에 흙을 채워 넣는다.

step 6

막대기나
나무젓가락으로 흙을 찌른다

털어낸 뿌리와 뿌리 사이에 흙이 제대로 자리 잡히도록 막대기 등으로 흙을 쿡쿡 찌른다.

step 7

물을
준다

옮겨심기가 끝나면 화분 바닥으로 흘러나올 때까지 물을 듬뿍 주면 완료. 피트모스(peat-moss)를 흙에 섞는 경우 물을 쉽게 흡수하지 않을 수 있으므로 15분 정도 시간이 지난 후 다시 물을 주면 된다.

step 8

양지에 두고
관리

뿌리의 재생을 촉진하기 위해 찬바람이 닿지 않는 양지바른 장소에 화분을 놓는다. 겉흙이 마른 다음 오전 시간에 화분 바닥에서 흘러나올 정도로 물을 듬뿍 준다.

step 9

다음 해 봄의 개화
겨울에 가지치기와 비료 주기를 한 뒤 봄이 되자 생육을 시작해서 5월 중순에 꽃이 피었다. 품종은 '가든 오브 로즈(Garden of Roses)'.

10월 가을에 도전! 꺾꽂이로 장미를 증식하기

시판되는 장미는 접목을 해서 증식하지만, 꺾꽂이로 증식하는 방법도 추천합니다. 가정에서도 할 수 있는 '꺾꽂이' 방법을 알아보겠습니다.

꺾꽂이에 성공하는 3가지 포인트

point 1 · 적당하게 성숙한 가지를 준비

가을 개화 후 가지는 적당하게 성숙해서 꺾꽂이 순(흙에 꽂는 가지나 줄기)으로 사용하기에 적합합니다. 부드럽고 미성숙한 가지는 세포 분열이 왕성해서 쉽게 뿌리를 내리지만, 증산 작용도 왕성해서 습도를 올리는 안개 분무 시설이 없는 곳에서는 금방 시들어버립니다. 또 오래된 가지는 증산 작용이 적기 때문에 쉽게 시들지는 않지만, 세포 분열이 활발하지 않아서 뿌리를 잘 내리지 못합니다. 개화 후의 가지는 중간에 해당하므로, 가정에서 꺾꽂이하기에 적합합니다. 그 외에 병충해를 겪지 않은 가지인 것도 중요한 조건입니다.

준비물

- 시판되는 삽목에 적합한 흙(강모래나 녹소토 등 비료 성분이 적은 용토로 대용 가능)
- 화분
- 커터칼
- 막대기 혹은 나무젓가락
- 물뿌리개

작업 후의 관리법

반그늘에 화분을 놓고 용토가 마르면 물을 준다. 너무 마르지 않도록 잎에 분무하거나 한다. 순조롭게 진행되면 약 1개월 후에 뿌리를 내린다. 화분 바닥에서 뿌리가 보일 정도로 자라면 1그루씩 화분에 이식한다.

step 1 · 꺾꽂이 순 준비

가을 장미가 핀 가지는 꽃자루 바로 밑에는 싹이 나지 않은 경우가 있으므로 그 부분은 사용하지 않는다. 가을에 꽃이 피지 않는 품종의 경우, 미성숙한 가지 끝부분과 너무 딱딱한 가지는 피한다.

가을에 꽃이 안 피는 품종의 가지

사용 안 함

이곳을 사용

사용 안 함

가을 장미가 핀 가지

사용 안 함

이곳을 사용

적기

새순 꺾꽂이⋯6월 초순~7월 초순, 10월 하순~11월 초순
꺾꽂이에는 생육기에 하는 '녹지삽(softwood cutting)'과 휴면기에 하는 '숙지삽(hardwood cutting)'이 있는데, 여기서는 녹지삽을 살펴봅니다. 가을 개화 후에는 가지가 적당하게 성숙하고 기온도 안정되므로 꺾꽂이할 적기입니다.

point 2 ─ 충분히 흡수시켜 습도를 유지
꺾꽂이 순은 물을 빨아들이는 능력이 떨어지기 때문에 꽂기 전에 충분히 물을 흡수시킵니다. 또 꺾꽂이 순의 수분 유출을 조금이라도 줄이기 위해 뿌리를 내릴 때까지는 가급적 습도를 유지하되 습도가 너무 높으면 곰팡이가 번식해서 꺾꽂이 순이 손상될 수도 있으니 주의합니다.

point 3 ─ 꺾꽂이 순 건드리지 않기
꺾꽂이 순을 용토에 꽂은 후에는 신경이 쓰이더라도 절대 꺾꽂이 순을 잡아당기거나 만지지 말아야 합니다. 겨우 뿌리가 나기 시작한 꺾꽂이 순이 손상을 입을 수 있기 때문입니다. 화분 바닥에서 뿌리가 보이게 될 때까지는 접촉하지 않은 상태로 관리해야 합니다.

step 2 꺾꽂이 순 다듬기
사용 가능한 부분의 잎이 달린 가지를 5~10 cm로 자르고, 증산을 억제하기 위해 작은 잎의 매수를 줄인다(Cut1, Cut2). 커터칼을 이용해서 절단면을 쐐기 모양으로 다듬는다(Cut3, Cut4).

step 3 꺾꽂이 순에 물을 흡수시키기
꽂기 전에 30분 정도 물에 담가 충분히 물을 흡수시켜 둔다.

step 4 꺾꽂이 순을 용토에 꽂기
눅눅한 용토에 서로 잎이 닿지 않을 정도로 간격을 두고 나무젓가락으로 구멍을 낸 다음 꺾꽂이 순을 구멍에 넣는다. 넘어지지 않도록 밑동을 손가락으로 꼭꼭 누른다.

step 5 물주기
물뿌리개의 주둥이를 위로 향하게 해서 샤워를 시켜주듯이 물을 듬뿍 준다. 꺾꽂이 순이 움직이지 않도록 수압을 약하게 해서 물을 준다.

Cut 1

증산을 억제하기 위해
잎을 일부 잘라낸다.

작은 잎

5~10 cm

Cut 2

위와 마찬가지로
잎을 일부 잘라낸다.

꺾꽂이 순의 하단

Cut 3   Cut 4

※ 'PBR(Plant Breeder's Rights. 육성자의 권리)'이 있는 품종은 개인이 취미 외의 목적으로 번식시킬 수 없습니다.

11 _월 초보자도 기르기 쉬운
화분과 정원에 큰 모종 옮겨심기

원예 전문가가 가을까지
키운 큰 모종으로
장미 재배를
시작해보세요.

야생종 장미 중에는 늦여름부터 초겨울까지 빨강, 주황, 노랑 등의 들장
미 열매를 즐길 수 있는 품종이 있다. 아름답게 물든 장미 열매를 수확
해서 화환을 만들 수도 있다. 이때 함께할 장미로는 오른쪽부터 살구색
의 '마소라', 진한 갈색의 '컬러 브레이크(color break)', 갈색의 '우쓰세
미(空蟬)'가 있다. 가을꽃도 아름다운 품종이다.

늦가을 큰 모종은 전문가가 1년 정도 키운 것

늦가을은 장미가 휴면에 들어가는 계절이지만 큰 모종의 장미는 이 시기에 유통되기 시작합니다. 일반적으로 시중에 판매되는 장미 모종은 들장미를 비롯해서 튼튼한 장미 뿌리(=밑나무)에 원예 품종의 가지(=접가지)를 접착시키는 '접목'이라는 기술을 이용하여 생산됩니다.

큰 모종은 전년도 가을~당해 겨울에 접목한 작은 모종을 밭에 제대로 정식(定植)시켜 가을까지 전문가가 길러낸 것입니다. 접목한 후 곧바로 봄에 유통되는 새 모종보다 시간을 들여 크게 성장한 것이기 때문에 이식과 사후 관리를 적절하게 하면 초보자도 쉽게 키울 수 있습니다.

잎이 없는 큰 모종을 고르는 요령

휴면기에 유통되는 큰 모종은 잎이나 꽃이 없이 가지만 있는 상태이므로 얼핏 봐서는 좋은 모종인지 아닌지 알 수 없습니다. 일반적으로는 가지의 굵기와 개수로 판단하지만, 그 이외의 중요한 포인트를 소개합니다.

간토 지방 아래에서도 방한 대책이 필요

큰 모종은 화분뿐만 아니라 정원에도 직접 이식할 수 있습니다. 별로 어려운 작업은 아니지만, 캐낼 때 뿌리가 잘린 큰 모종은 내한성이 약합니다. 따라서 간토 지방 아래의 평지에서도 방한 대책이 필요합니다.

큰 모종은 가지만 있지만 보는 눈을 기르면 모종이 좋은지 나쁜지 판별할 수 있게 됩니다.

라리사 발코니아(Larissa Balconia)

리퍼블릭 드 몽마르트
(Republique de Montmartre)

레이옹 드 솔레이(Rayon de Soleil)

이달의 주요 작업
큰 모종의 이식
방한 대책
설해 대책
가을 장미의 시든 꽃 자르기(74쪽 참조)
분갈이(76~77쪽 참조)
이식(118~119쪽 참조)

이달의 관리법	
두는 장소	반일 이상 햇볕이 드는 곳
물 주기	화분에 이식한 것은 2일에 1회, 정원에 이식한 것은 필요 없음
비료	화분에 이식한 것, 정원에 이식한 것 모두 필요 없음
병충해	검은무늬병 등 방제 (그 외의 병충해는 123~125쪽 참조)

11^월 구입하기 전에 알아두면 좋은
큰 모종의 유통 형태와 좋은 모종 선택법

이 시기에 구입할 수 있는 큰 모종을 살펴봅니다. 유통 형태에 따라 각각 장점과 단점이 있습니다. 구입 후 이식할 시기도 알아보겠습니다.

큰 모종은 신뢰할 수 있는 매장에서 구입

큰 모종은 잎, 꽃이 없어서 전문가도 품종을 착각할 수 있습니다. 또 일부러 잎을 제거한 것인지, 아니면 검은무늬병 등의 병으로 잎이 떨어진 것인지 판별하기 어렵습니다. 게다가 화분에 심은 경우나 롱포트(long pot) 모종은 뿌리의 상태를 확인할 수 없으므로 근두암종병(crown gall)의 유무를 확인하기 어렵습니다. 따라서 모종을 선택할 때 전문가의 의견을 듣는 것이 좋습니다.

시판되는 큰 모종은 매장마다 가격 차이가 큽니다. 하지만 가격으로 선택할 것이 아니라 경험이 풍부한 직원이 제대로 상담해주는 신뢰할 수 있는 매장에서 구입하는 것이 중요합니다.

근두암종병

장미 세포가 세균에 감염되어 혹이 생기는 병. 주로 접목 부분이나 뿌리 등에 발생한다. 혹이 부풀기 위해 에너지가 사용되므로 생육이 느려지지만, 이 병이 원인이 되어 고사하는 경우는 적다.

화분에 심은 큰 모종

6~7호 정도의 화분에 심어져 유통되는 큰 모종을 말한다. 전문점의 매장 판매나 통신 판매 등에서 많이 볼 수 있다. 그대로 봄까지 재배할 수 있어 편리하지만 뿌리의 상태를 확인할 수 없는 게 단점이다. 자신의 재배 용토로 이식하는 것은 다음 해 분갈이할 때까지 기다리는 것이 좋다.

구입 후 바로 원하는 화분으로 옮겨 심거나 정원에 심을 때는 뿌리 모양을 최대한 허물어뜨리지 않도록 화분에서 조심스럽게 뽑아서 작업한다.

롱포트 모종

세로로 긴 플라스틱 화분에 임시로 심어져 유통되는 큰 모종을 말한다. 원예점이나 홈센터 매장 등에서 많이 볼 수 있다. 임시로 심은 것이기 때문에 장기간 재배할 수는 없다. 대략 1개월 이내에 이식할 필요가 있다.

화분에 심은 큰 모종과 마찬가지로 뿌리의 상태를 알 수 없다. 가늘고 긴 화분에 들어갈 수 있도록 필요 이상 뿌리를 잘라버리는 경우도 있다.

맨뿌리모(裸苗)

밭에서 캐낸 모종을 뿌리가 보이도록 비닐봉지 등에 담은 상태로 유통하는 큰 모종을 말한다. 주로 전문점 통신 판매에서 볼 수 있다. 간이 포장한 것이므로 모종의 가격과 배송비가 저렴한 것이 장점이다. 뿌리의 상태를 알기 쉬운 것은 장점이지만 장기간 보존하기는 어려워 대체로 일주일 이내에 이식해야 한다.

이식할 때까지는 모종이 마르지 않도록 주의하고 직사광선이 닿지 않는 가급적 기온이 낮은 장소에 보관한다.

수입 모종의
장점과 단점

모종은 국외에서 생산되어 수입되는 '수입 모종'과 '국산 모종'으로 구분됩니다. 수입 모종 대부분은 밑나무의 종류가 국산 모종과 다르며, 국산 모종에 비해 생육 상태가 떨어집니다(비가 잘 오지 않는 건조한 장소에서는 생육이 잘 되는 경우도 있음). 또 수입 모종은 식물 검역 문제로 뿌리가 많이 세척된 상태이므로 이식 후 활착하는 데 시간이 걸리기 때문에 활력제를 흡수시키고(84쪽 step ① 참조) 방한을 확실하게 해야 합니다. 용토는 배수성이 좋은 것이 생육이 잘 됩니다.

이처럼 수입 모종은 다소 결점이 있지만 수입 밑나무(대목)는 국산보다 근두암종병에 강해서 노란색 계열의 품종은 꽃의 발색이 좋습니다.

수입 모종

뿌리가 퍼진 상태가 거칠고 인삼 같은 인상을 준다.

원예 모종

뿌리의 퍼진 상태가 수입 모종보다 좋다. 판매 시 국산인지 수입인지 표기되는 경우가 있다.

좋은 모종의 판별 기준은
단면과 측면

좋은 모종의 기본은 굵은 가지가 많다는 것입니다. 다만, 가지가 굵다고 좋은 것이 아니라 충실한 것이 중요합니다. 아래의 오른쪽 사진처럼 미성숙한 가지는 양분이 축적되어 있지 않기 때문에 봄이 되어도 싹이 힘차게 자라지 못하고, 심하면 시들어버릴 수도 있습니다. 굵고 충실한 가지가 한 개뿐인 모종은 외로워 보이기는 하지만, 가는 가지가 여러 개 있는 모종보다 봄이 되면 생육 상태가 좋아집니다.

품종에 따라 가지의 수와 굵기가 다르므로 다른 품종끼리 모종을 비교하기는 어려우 니, 단순히 가지의 충실한 정도만 보고 선택합니다.

세로줄

백색의 수(髓)

목질부가 적다

백색의 수(髓)

목질부가 발달

좋은 모종의 가지

충실한 가지

좋은 모종은 가지의 표피에 가느다란 세로줄이 있다. 가지 단면에는 백색의 수가 적고 목질부가 두껍게 발달해 있다. 이런 가지를 '충실한 가지'라고 한다.

나쁜 모종의 가지

미성숙한 가지

나쁜 모종은 가지와 가시가 풋풋하고 부드러운 인상을 준다. 가지 단면에는 백색의 수가 많고 목질부가 적다. 가지에 주름이 잡혀 있는 경우에는 건조했을 우려가 있으므로 피한다.

11월 큰 모종을 구입한 다음의
이식과 방한 대책

맨뿌리묘는 가능한 한 빨리(일주일 이내에) 이식하고, 땅에 심는다면 방한 대책도 마련해야 합니다.

화분에 심기

여기서는 맨뿌리묘를 화분에 이식합니다. 화분에 심은 큰 모종이나 롱포트 모종의 경우, 흰 뿌리가 자라기 시작하면 가급적 분 모양의 뿌리를 흩뜨리지 말고 step ② 부터 시작합니다.

준비물

- 양동이
- 화분(여기서는 플라스틱으로 만든 7호 화분 / 화분 지름 21 cm)
- 장미 전용 용토
- 화분 밑돌
- 흙 넣기용 삽 등
- 막대기 혹은 나무젓가락 등
- 물뿌리개

step 1

맨뿌리묘에 물을 흡수시킨다

맨뿌리묘는 건조한 경우도 있으므로 이식하기 전 양동이에 물을 부어 1시간 정도 둔다. 이때 활력제를 넣어주면 활착을 촉진할 수 있다. 그루터기에 접목 테이프가 있는 경우에는 성장하면서 부식할 수 있으므로 제거한다(86쪽 step ④ 참조).

step 2

화분 바닥에 밑돌과 흙을 적당량 넣는다

화분 바닥의 구멍이 가려질 정도로 화분 밑돌을 넣는다. 구멍이 1개일 경우 화분 바닥에 망을 깔아놓고 밑돌을 넣는다. 이식 후 겉흙의 높이가 화분 테두리에서 3~5 cm 이하가 되도록 적당량의 용토를 화분 밑돌 위에 넣는다.

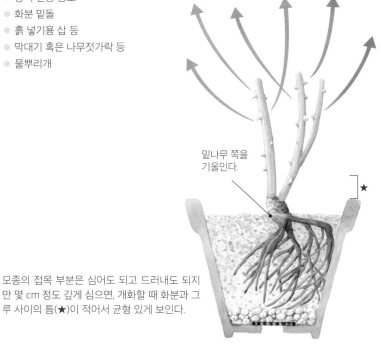

밑나무 쪽을 기울인다.

모종의 접목 부분은 심어도 되고 드러내도 되지만 몇 cm 정도 깊게 심으면, 개화할 때 화분과 그루 사이의 틈(★)이 적어서 균형 있게 보인다.

step 3

화분 중앙에 맨뿌리묘를 놓는다

가지의 균형이 잡히도록 화분 중앙에 모종을 놓는다. 옆으로 뻗어 나가는 품종은 가지가 한 방향으로 치우쳐 있는 경우도 있다. 이런 경우에는 왼쪽 그림처럼 모종을 기울여서 이식한 다음 가지를 직립시킨다.

뿌리 사이에 흙을 넣는다

뿌리와 뿌리 사이에 흙이 제대로 들어가도록 막대기로 찌른다. 흙은 화분의 테두리에서 3~5 cm 아래에 오도록 해서 반드시 물이 스며드는 공간을 남긴다.

물 주기

이식 후 화분 바닥으로 흘러나올 때까지 물을 충분히 준다. 이때 희석한 활력제를 이용하면 활착을 촉진할 수 있다. 용토에 피트모스가 들어 있는 경우에는 쉽게 흡수되지 않을 수 있으므로 15분 정도 기다렸다가 다시 물을 주는 것이 좋다.

이식 완료

품종명을 적은 라벨을 붙여서 찬바람이 닿지 않는 양지에 놓는다. 겉흙이 충분히 마르면 오전 중에 화분 바닥에서 흘러나올 정도로 물을 듬뿍 준다. 한랭지에서는 얼지 않는 장소에서 월동시키는 것이 좋다.

다음 해 봄철 개화

겨울에 필요한 작업을 한 후, 5월 중순에 개화한 장미. 품종은 '기누카(衣香)'. 꽃송이의 크기는 중간 정도이며, 향기가 강한 품종으로 꽃이 잘 핀다.

화분에 심었을 때의 방한 대책

화분에 심었다면 이동할 수 있다는 장점이 있습니다. 찬바람을 피할 수 있고 얼지 않는 장소로 이동할 수 있으면 별도의 방한 대책은 필요 없습니다(따뜻한 실내에서는 싹이 자라므로 적합하지 않음). 현관처럼 온도가 많이 올라가지 않는 장소가 적당합니다. 한랭지여서 걱정이 된다면 87쪽의 정원에 심은 경우와 마찬가지로, 장미 전체에 부직포를 두르고 화분은 이중 화분으로 해서 방한해줍니다. 추위가 아주 심한 지역에서는 무리해서 가을에 이식하지 말고 봄에 이식하면 됩니다. 전문점에 따라서는 한랭지인지 확인 후 봄에 발송해주기도 합니다.

11^월 이식과 방한 대책

정원에 심기

이번에는 롱포트 모종을 정원에 이식합니다(사용한 모종은 가을에 이미 유통을 시작해서 새싹이 상당히 자라 있음). 화분에 심은 큰 모종도 같은 방식으로 이식할 수 있습니다.

준비물

- 유기질 고형 비료(주는 양은 비료마다 다르므로 사용 설명서를 확인할 것. 발효유 찌꺼기의 경우에는 500 g 정도.)
- 퇴비(완숙한 것: 지름 50 cm, 깊이 50 cm인 구멍의 경우에는 12 ℓ, 기준은 흙 부피의 30% 정도까지. 구멍이 작은 경우에는 분량을 줄인다.)
- 삽
- 물뿌리개
- 지지대
- 부직포
- 끈

step 1

심을 구덩이를 판다

삽으로 지름 50 cm, 깊이 50 cm 정도의 구덩이를 판다. 작업 중 돌이나 쓰레기 등이 나오면 치운다. 이 크기의 구덩이를 파지 못한다면 가능한 한 구덩이를 크게 판다. 이는 장미의 뿌리층을 토양 개량하기 위해서다.

step 2

구덩이 바닥에 비료와 퇴비를 넣는다

비료와 퇴비(전체 양의 6분의 1 정도)를 구덩이 바닥에 넣고 흙과 잘 섞는다.

step 3

파낸 흙에 퇴비를 섞는다

파낸 흙에 퇴비(나머지 전부)를 넣고 잘 섞는다. 모종의 뿌리 크기를 생각하면서 구덩이에 흙을 다시 채운다.

step 4

접목 테이프를 떼어낸다

그루터기에 테이프가 감겨 있는 경우에는 이식할 때 떼어낸다(접목 방법에 따라 테이프가 없는 경우도 있다). 테이프를 남겨두면 성장하면서 테이프가 장미에 파고들 수 있다.

step 5

포트에서 모종을 꺼낸다

하얀 뿌리가 자라고 있는 경우에는 가급적 분 모양의 뿌리가 흐트러지지 않게 뽑아서 그대로 이식한다. 이때 모종의 가지가 묶여 있으면 풀어준다.

step 6

모종을 구덩이의 중앙에 놓고 다시 흙을 넣는다

모종을 구덩이의 중앙에 놓은 다음, 뿌리 주변으로 step ③에서 섞어놓은 흙을 채워 넣어 접목한 부분이 3~5 cm 묻히도록 심는다.

물을 듬뿍 준다
step 7

아래쪽을 중심으로 동심원 형태로 둑(물을 담는 용기)을 만든다. 물을 10ℓ 정도 채운다. 맨뿌리묘의 경우에는 이 시점에서 가볍게 모종을 흔들면 뿌리와 뿌리 사이에 흙이 쉽게 들어간다. 물이 빠지는 것을 확인하면서 여러 번 나누어 물을 준다.

지면을 평평하게
고르고 지지대를 세운다
step 8

둑을 평평하게 고른 다음, 초봄의 강풍으로 모종이 기울어지지 않도록 짧은 지지대를 지면에 비스듬히 꽂아서 중심이 되는 가지와 묶는다. 지지대가 너무 길면 개화기까지 눈에 띄므로 외관이 좋지 않다.

이식 직후에 방한을 하는 이유

일반적으로 장미는 내한성 식물입니다. 적절하게 재배된 개체는 간토 지방 아래쪽의 평지에서는 방한하지 않아도 겨울을 넘길 수 있습니다. 하지만 큰 모종은 앞서 말했듯이 뿌리가 절단되어 있을 가능성이 있으므로 일반적인 장미보다 내한성이 떨어집니다. 옮겨 심은 후에 방한을 하지 않으면 말라버릴 위험이 있습니다. 그렇기 때문에 정원에 심은 큰 모종은 이식과 동시에 방한을 하는 것이 좋습니다.

방한을 하지 않아 가지가 시들어버린 큰 모종

모종이 충실하고 굵은 가지라서 방한을 하지 않았는데 가지가 시들어버렸습니다(사진). 전체가 고사하지는 않았지만 이만큼 가지가 시들어버리면 이후 생육에 악영향을 줍니다.

시들어버린 가지

방한 대책은
부직포로 장미를 덮는 것
step 9

장미의 크기에 맞춰 자른 부직포로 전체를 두른다. 봉투 형태의 부직포 제품을 씌워도 된다.

이식 완료 이미지

묘목
지지대
지름 50 cm
지름 50 cm
유기질 고형 비료와 퇴비를 섞은 흙
퇴비를 섞은 흙
하얀 뿌리가 나와 있으면 뿌리 모양이 허물어지지 않는다.

부직포를
끈으로 고정
step 10

바람에 날리지 않도록 부직포 위 2~3곳을 끈으로 가볍게 묶는다. 지면으로 바람이 들어가지 않도록 빈틈이 없는지 확인한다(흙을 이용해서 부직포 아래쪽을 묻어도 된다). 추위가 풀리는 3월 초순(간토 지방 아래쪽의 평지 기준)을 기준으로, 새싹이 부러지지 않도록 조심스럽게 부직포를 벗긴다.

다음 해
봄의 개화

겨울에 필요한 작업을 하면 5월 중순에 개화한다. 품종은 '메르헨자우버(Maerchenzauber)'. 꽃송이 크기는 중간 정도에 강한 향기가 나는 품종으로 내병성이 강하다.

눈 피해로부터 장미를 보호하는 방법

겨울에 폭설이 내리는 경우 장미가 설해를 입을 수 있습니다. 폭설 예보가 있는 경우에는 사전에 대비를 하면 가지가 부러지는 것을 막을 수 있습니다. 가지치기 전에 가지가 길게 뻗은 것은 가지 끝을 자르거나 지지대를 세워 조르듯이 묶어두면 (아래 왼쪽) 효과가 있습니다. (아래 오른쪽) 설해에 대비해서 가지 끝을 잘라낸 장미.

12^월

한쪽 면을 꽃으로 채우는

덩굴장미
가지치기와
유인

추운 계절에
하는 작업이지만
꽃이 핀 후의 모습을
상상해보면 신기하게도
손이 움직이기
시작합니다.

덩굴장미는 손으로 직접 유인하면 아름다운 모습으로
꽃을 피울 수 있다. 사진은 5월 중순에 '수리르 드 모나
리자(Sourire de Mona Lisa)'가 개화한 모습.

덩굴장미는 왜 가지치기와 유인 작업을 할까?

장미의 계절이 되면 관리되지 않은 상태로 꽃이 피어 있는 덩굴장미도 여기저기서 볼 수 있습니다. 이렇듯 덩굴장미는 사람이 가지치기나 유인을 하지 않아도 꽃이 피기는 합니다. 하지만 자세히 보면 제멋대로 가지가 뻗어 있고 마른 가지가 눈에 띄어 모처럼 핀 꽃이 초라하게 보이기도 합니다.

원래 하지 않아도 될 작업을 하는 것은 바로 이런 이유 때문입니다. 가지치기와 유인 작업을 함으로써 덩굴장미는 바람직한 모습으로 더 아름답게 피게 됩니다. 작업의 목적은 다음과 같습니다.

목적 ❶ 신진대사 촉진 장미는 성장하면서 새순(기세 좋게 뻗어 나오는 새 가지)이 나오면 오래된 새순은 서서히 쇠퇴해서 시들어버립니다. 필요에 따라 오래된 새순을 잘라내고 중요한 가지(제일 굵은 줄기)를 새로운 새순으로 대체하여 신진대사를 촉진합니다.

목적 ❷ 병충해 예방 마른 가지나 잔가지를 가지치기하면 통풍이 잘됩니다. 이렇게 해서 장미의 잎과 가지가 시드는 것을 방지하면 병충해를 예방할 수 있습니다.

목적 ❸ 미관 향상 마른 가지와 잔가지를 제거하면 겉보기에도 깔끔하고 아름다워집니다.

목적 ❹ 수형 조절 덩굴장미는 유인 작업을 통해 모양을 정리할 수 있습니다. 일반적으로는 아치나 벽면 등의 구조물을 이용해서 유인합니다. 가지치기와 유인 작업의 적기는 12월 중순~1월 하순(간토 지방 아래쪽의 평지 기준)입니다. 너무 일찍 작업하면 장미가 충분히 휴면하지 않은 상태이므로 가지의 수분량이 많고 유인 작업할 때 가지가 부러지기 쉽습니다. 또 늦게 작업하면 부풀어 오르기 시작한 싹을 유인 작업할 때 누락시키거나(한철 개화성 품종은 싹이 없는 위치에는 꽃이 피지 않음), 싹트는 시기가 고르지 않아 꽃이 아름답게 피지 않을 수 있으므로 시기를 잘 맞춰서 작업해야 합니다.

이달의 주요 작업
덩굴장미의 가지치기와 유인 직립성과 반덩굴성 장미 가지치기(106~111쪽 참조)

이달의 관리법	
두는 장소	관리하기 좋은 장소(음지 가능)
물 주기	화분에 이식한 것은 3~4일에 1회, 정원에 이식한 것은 필요 없음
비료	화분에 이식한 것, 정원에 이식한 것 모두 필요 없음
병충해	깍지벌레 등의 방제(그 외의 병충해는 123~125쪽 참조)

'아와유키(淡雪)'
벽면은 90~99쪽

'마리 퀴리 IYC 2011'
아치는 100~101쪽

샐러맨더(salamander)'
오벨리스크는 100~101쪽t)

89

12^월 덩굴장미 가지치기

무성하게 우거진 장미를 보면 어디서부터 손을 대야 할지 난감한 생각부터 듭니다. 하지만 순서에 따라 조금씩 작업을 하다보면 서서히 앞이 보이기 시작합니다.

가지치기 기본적인 작업 흐름과 포인트
(모든 품종에 공통적인 작업)

작업 전

작업 전의 상태. 휴면기에 접어들어 다소 낙엽이 진 상태다. 그루터기에서 새순도 자라고 있으며 순조롭게 생육하고 있다. 샘플 장미는 '아와유키(淡雪)'.

step 1

유인 끈을 떼어낸다

생육기에는 자라난 새순이 부러지지 않기 위해 임시로 설치한 유인 끈과 전년도에 설치한 유인 끈을 떼어낸다.

step 2

잎을 모두 딴다

남아 있는 잎을 모두 뜯어내서 전체의 모양을 보기 좋게 만든다. 잎을 남기면 다음 해 봄 이후의 생육기에 질병이 재발하기 쉬우므로 병충해 대책으로도 중요하다.

step 3

죽은 가지를 잘라낸다

가지의 생사 판별이 어려운 경우에는 가지 끝을 살짝 잘라본다. 심지가 녹색을 띠면 시들지 않은 상태. 여기까지 작업을 하고 나면 전체 모습을 상당히 이해하기 쉬워진다.

이 정도 굵기라면 꽃이 핍니다!

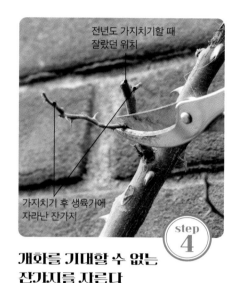

전년도 가지치기할 때 잘랐던 위치

가지치기 후 생육기에 자라난 잔가지

step 4

개화를 기대할 수 없는 잔가지를 자른다

오른쪽 사진에서 가지의 굵기를 참고해 그해에 자라난 잔가지(꽃이 피지 않을 것 같은 가는 가지)를 잘라낸다(생육이 몹시 나쁘다면 잔가지라도 그대로 남긴다).

대륜 품종	중륜 품종	소륜 품종
꽃의 지름 약 10 cm 이상	꽃의 지름 5~10 cm 정도	꽃의 지름 약 5 cm 이하
↺	↺	↺
연필 굵기	나무젓가락 굵기	꼬치 꼬챙이 굵기
'덩굴 마누 메일랜드' (Manou Meilland)	'덩굴 아이스버그' (Iceberg)	'프레차' (Prezza)

잔가지를 구분하는 방법

꽃의 크기를 기준으로, 남겨야 할 잔가지의 기준을 세웁니다. 편의상 3단계로 나누는데, 꽃의 크기가 큰 것 중에서도 가지가 가는 품종이 있으므로 품종의 특성을 고려해서 판단해야 합니다.

꽃송이가 큰 품종이라도 생육 상태가 상당히 나쁘다면 모양을 생각하지 말고 잔가지까지 남기도록 합니다. 오히려 생육이 왕성한 소륜 품종의 경우에는 가지가 대 꼬챙이 굵기라고 해도 과감하게 잘라내지 않으면 너무 어수선할 수 있습니다.

12^월 덩굴장미 가지치기

새로운 가지와
오래된 가지를 구별하는 방법

오래된 가지

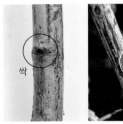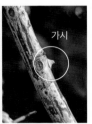

가지의 표피 흠집이 많고 광택이 없으며 표피가 거칠어져 있는 경우가 많다.
가시 회색빛이 많으며 질감이 건조하다. 부분 혹은 전체가 흠이 진 것이 많다.
싹 붉은 싹이 있기도 하지만 대부분은 검은 점이 있는 상태다.

새로운 가지

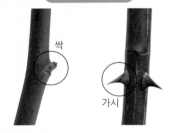

가지의 표피 흠집이 적고 광택이 나며 매끄러운 경우가 많다.
가시 갈색빛이 많고 물기가 남아 있는 경우가 많다. 가시가 빠진 것도 적다.
싹 대체로 마디마다 붉은 싹이 있다.

step ④에서 잔가지를 자른 뒤 오래된 가지만 남았기 때문에 자른다.

step **5**

오래된 가지를 자른다

step ④의 잔가지를 자른 후 오래된 가지만 남으면 가지 연결 부분을 자른다. 가지가 오래되었는지 아닌지는 왼쪽 내용을 참고로 판단한다.

꽃가지

2~3마디 남기고 자른다

step **6**

꽃가지를 잘라낸다

봄에 개화한 화지(花枝. 잎이 없이 꽃만 있는 가지-옮긴이)는 2~3마디(5~15 cm) 남기고 자른다(자르는 이유는 아래쪽 내용 참조).

꽃가지를 자르지 않으면 어떻게 될까?

꽃가지를 두세 마디 남기고 자른 경우

전년도 화지

재작년 새순

꽃가지를 자르지 않은 경우

아래에 빈틈이 크게 벌어져 예쁘지 않다.

전년도 꽃가지

재작년 새순

가지치기하기 곤란할 때는 어떻게 할까?

Q1 새순의 끝부분은 어떻게 할까?

새순의 가지 끝은 미성숙한 경우가 많으며, 추위로 시들어버릴 수 있습니다. 걱정되면 끝부분을 10~20 cm 정도 자릅니다. 끝부분에 꽃이 피어 있는 경우에도 마찬가지로 잘라냅니다.

가지 끝을 자르기만 하면 된다.

Q2 새순이 여러 갈래로 갈라져 있다면?

새순이 여러 갈래로 갈라져 있는 경우, 유인할 장소에 비해 가지의 수가 부족하면 가급적 모든 새순을 살리도록 합니다.

가지의 수가 많으면 가장 굵고 충실한 가지(95쪽 참조)를 남기고 다른 가지는 연결 부위에서 잘라 가지의 개수를 줄입니다. 자를 때는 가지의 뿌리에 싹이 있는지 확인하고 자릅니다.

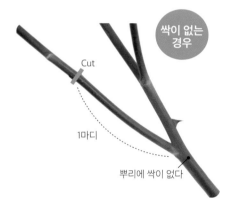

싹이 없는 경우

Cut

1마디

뿌리에 싹이 없다

싹이나 잎의 흔적이 남은 곳의 위쪽에서 자른다.
연결 부위에 싹이 없는 경우 1마디 남긴다.

싹이 있는 경우

가지 끝

여러 갈래로 가지가 갈라진 새순

연결 부위에 싹이 있는지 확인하면서 자른다.

하나의 새순으로 깔끔하게 정리되었다.

Q3 얼룩이 있는 가지나 표피가 거친 가지는 잘라야 할까요?

품종에 따라 겨울 추위로 가지에 얼룩이 나타나거나 여름 더위로 표피가 거칠어질 수 있습니다. 또 흰가룻병에 걸려도 가지가 회색으로 변색되는데, 이런 것 중에서도 살아 있으며 단단하고 충실하면(95쪽 참조) 꽃을 피우기 때문에 가지를 남기도록 합니다.

얼룩

겨울 추위로 얼룩이 나타난 가지

여름 더위로 표피가 거칠어진 가지

12^월 덩굴장미는 어떻게 유인할까?

장미의 성질을 알면 자연스럽게 유인하는 방법을 이해하기 쉽습니다. 품종의 성질에 맞는 유인 방법을 소개합니다.

장미가 지닌 성질을 깨트린다

point 1

정아우세(頂芽優勢)

정아우세란 가지 끝부분(높은 위치)에 있는 정아(끝눈)의 성장이 곁순의 성장보다 우선되는 성질을 말합니다. 즉 정아가 자라면 그 가지의 곁순이 자라지 못하게 됩니다. 장미는 대부분 이 성질을 지녔으므로 길게 자라난 새순을 똑바로 세워서 유인하면 새순의 위쪽으로만 꽃이 핍니다. 따라서 일반적으로는 이런 성질을 깨트리기 위해서 유인할 때 새순을 수평으로 눕힙니다.

새순을 세울 경우

가지 위쪽에서만 기세 좋게 새싹이 돋아나서 꽃이 핀다. 대륜 품종일 경우, 가지 아래쪽은 거의 싹이 트지 않는 경우가 많다. 새순을 세운 채로 있으면 가지 끝에만 꽃이 피는 것이다.

새순을 수평으로 눕힐 경우

가지를 수평으로 눕히면 정아우세 원리가 깨져서, 곁순도 자라고 가지 수가 늘어나 전체적으로 꽃이 핀다(다만, 전체 꽃의 수는 가지를 세운 채로 있을 때와 다르지 않다).

유인할 때 우선해서 사용할 새순 고르는 법

기세가 강한 충실한 새순에서 수평으로 휘어지듯이 순차적으로 '유인'을 시작합니다. 이 새순은 다음 해 봄이 되면 개화의 주인공이 될 가지이므로, 가급적 주요 위치에 배치합니다. 이런 새순은 다른 것보다 굵은 경우가 많고 가는 가지에 비하면 쉽게 구부러지지 않기 때문에 우선해서 위치를 잡는 것이 좋습니다.
새순의 충실도는 큰 모종 선택법(83쪽 참조)과 마찬가지로 절단면의 목질부 발달 정도와 표피의 세로줄 유무로 판단합니다.

타입에 맞춰 유인한다

point 2

전체형과 선단형

원래 덩굴장미는 가지를 수평으로 눕도록 유인하면, 자라난 새순의 밑동부터 끝까지 꽃을 피웁니다(이하 이 성질을 '전체형'이라고 함). 하지만 로얄 선셋(Royal Sunset), 울머 뮌스터(Ulmer Munster)처럼 새순을 수평으로 눕혀도 가지 끝 부근에만 꽃을 피우는 품종이 있습니다(이하 이 성질을 '선단형'이라고 함).

선단형은 덩굴장미를 '좀 더 사철 개화성으로, 좀 더 큰 송이로' 개량해가는 과정에서 직립장미와 교배를 거듭한 결과 탄생한 품종에서 많이 볼 수 있습니다. 이러한 선단형을 유인할 때는 기본적인 방법을 연구하지 않으면 전체에 꽃을 피울 수 없습니다. 이런 '단차 가지치기' 방법은 98~99쪽에서 소개합니다.

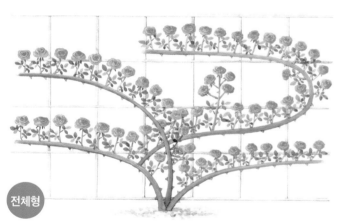

전체형

수평으로 눕히도록 유인(96쪽)
주로 소륜부터 중륜, 한철 개화성 혹은 반복 개화성 품종에 많다. 전년도에 자라난 새순을 수평으로 유인하면 짧은 꽃가지가 밑동부터 가지 끝까지 나와서 가지런히 핀다. 수세가 약해지면 선단형에 가까워지기도 한다.

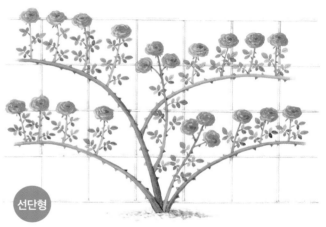

선단형

단차 가지치기를 한다(98~99쪽)
주로 중륜부터 대륜, 사철 개화성이 뛰어난 품종에 많다. 전년도에 자라난 새순의 끝 부근(대략 3분의 1~2분의 1)에서 긴 꽃가지를 뻗어 꽃을 피운다. 수세가 강할 경우에는 전체형에 가까워지기도 한다.

미성숙한 가지의 단면
목질부가 적다.

충실한 좋은 가지의 단면
목질부가 많다.

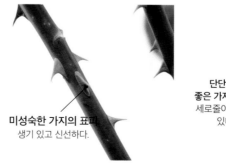

미성숙한 가지의 표피
생기 있고 신선하다.

단단하고 좋은 가지의 표피
세로줄이 드러나 있다.

오래된 가지도 세로줄이 보일 수 있지만, 싹이나 가시로 판별할 수 있다(92쪽 참조).

12월 덩굴장미 유인

전체형을 벽 한쪽에만 피게 하는 유인의 요령

밑동에서 나오는 새순

유인 전

밑동에서 나오는 새순

유인 후

step 1

가지를 수평으로 휘어지도록 해서 유인을 시작

벽이나 펜스에 새순을 수평으로 눕혀 유인한다. 구조물 끝에 가지가 도달하면 남은 가지를 잘라내거나 위쪽으로 방향을 전환한다.

step 2

가지가 많은 경우에는 자른다

유인 과정에서 가지가 많아서 처리가 곤란하면 상황을 보면서 기세가 약한 오래된 새순부터 순차적으로 잘라낸다. 가지 수가 부족할 때는 오래된 새순도 소중하게 여기며 남겨둔다.

다음 해 봄철 개화

흰색 홑꽃의 반덩굴성 품종. 벽면으로 뻗어가게 유인했더니 새순의 아래쪽에서 위쪽까지 골고루 개화했다. 5월 중순쯤이면 벽 전체에 꽃이 핀다.

샘플 장미는 '아와유키'

유인하기
곤란할 때는
어떻게 할까?

Q1 가지가 부러졌다면?

유인 작업 중에 가지가 부러진 경우, 완전히 꺾였다면 어쩔 수 없지만 으스러졌거나 반쯤 찢어진 상태라면 보강해서 상처 자리 외의 끝부분 가지를 살릴 수 있습니다.

❶ 가지가 부러진 부분을 원상태로 되돌린다.

❷ 부러진 부분의 앞뒤 가시를 자르고 비닐 테이프를 감아서 부러진 부분을 단단하게 고정한다.

❸ 보강 완료. 보강 후에 유인할 때는 상처 자리가 다시 부러지지 않도록 유의하면서 조심스럽게 작업한다.

Q2 효율적으로 유인하는 방법이 있을까?

2인 1조로 작업 장미 가시가 박히지 않도록 작업 중에는 가죽 장갑을 필수로 껴야 합니다. 하지만 가지를 구조물에 고정하는 결속 작업은 가죽 장갑을 낀 상태로는 하기 어렵지요. 그래서 가지를 누르는 역할과 결속하는 역할로 나눠서 결속을 맡은 사람은 얇은 작업 장갑을 끼면 효율적으로 진행할 수 있습니다.

새순은 묶어둔다 새순끼리 얽히면 작업하기 어렵고 옷에 걸릴 수도 있습니다. 나중에 유인할 가지는 일시적으로 묶어두면 효율적으로 작업할 수 있습니다.

Q3 벽이나 담장에 유인 장소를 만들려면?

가지를 자유롭게 벽에 고정하기 위해서는 나사와 와이어 등 준비물이 필요합니다. 벽의 소재나 구조에 따라 고정하는 방법이 다르므로, 공구업체 등 전문점에 상의해서 결정해야 합니다.

❶ 목제 벽에 나사를 박는다.

❷ 와이어의 양 끝을 나사에 고정한다.

❸ 위아래는 30 cm 간격이 유인하기 쉽고, 좌우는 50 cm 간격이 와이어가 잘 늘어지지 않는다.

12월 덩굴장미 유인

단차 가지치기를 해서 선단형을 한쪽 면에 꽃피운다

위쪽으로도 꽃이 피게 하기 위한 긴 가지

작업 전

단차 가지치기 전

새순의 길이를 '긴 것, 중간 것, 짧은 것'으로 조절해서 전체적으로 꽃피운다

95쪽에서 말했듯이 덩굴장미 중에는 가지 끝에 개화가 집중되기 쉬운 선단형이 있습니다. 선단형 품종은 기본적인 가지치기와 유인 방법으로는 생각한 대로 가지 전체에 꽃을 피울 수 없습니다. 그래서 역할을 대략 3가지로 분담시켜, 위쪽에서 꽃피게 하는 새순, 중간 부분을 채우는 새순, 아래쪽에서 꽃피게 하는 새순으로 구분하고, 남는 새순의 길이를 '긴 것, 중간 것, 짧은 것'으로 바꿉니다. 이러한 가지치기 방법을 이 책에서는 '단차 가지치기'라고 합니다.

단차 가지치기 & 유인 작업 후

봄철 개화

새순은 대체로 길이가 긴 것(상단용, 빨간 선), 중간 것(중단용, 파란 선), 짧은 것(하단용, 흰 선)으로 나눠서 위쪽에서 꽃이 피는 긴 새순부터 순차적으로 유인해 나갑니다.

단차를 두고 가지치기를 하는 것은 선단(앞쪽 끝)에 꽃이 피는 품종이므로, 가지를 무리하게 옆으로 눕히지 말고 세워진 채로 퍼져나가도록 유인해도 됩니다. 상단에 이어서 중단, 하단과 새순을 필요에 따라 잘라내면서 유인해 나갑니다.

(사진 설명) 가지치기와 유인 작업 종료. 가지 끝을 나타내는 'O' 표시가 아래위 전체적으로 흩어져 있다. 'O'이 표시된 가지 끝에서 봄에 새싹이 자라서 꽃이 핀다.

아래쪽에 가지가 없으면 위쪽까지 닿는 긴 가지라도 과감하게 짧게 잘라 아래쪽에서 꽃이 피게 할 수도 있다.

단차 가지치기를 해서 벽 한 면에 꽃이 피었다. 샘플 장미는 '수리르 드 모나리자(Sourire de Mona Lisa)'. 선명한 붉은색 중륜화로, 꽃이 오래 피어 있다. 내병성이 있으며 봄 이후에도 잘 피는 품종이다.

12^월 오벨리스크 & 아치를 이용해서
덩굴장미 가지치기와 유인 작업하기

오벨리스크

나선형으로 유도하면서 유인 작업하기

360도 꽃을 감상하는 입체적인 오벨리스크. 다음 페이지의 그림처럼 기본적으로는 '나선형'을 유도하면서 구조물에 새순을 휘감듯이 묶습니다. 선단형 품종이라면 상단에서 꽃피우는 가지, 중단의 가지, 하단의 가지로 길이에서 차이가 나도록 '단차 가지치기'를 합니다.

작업 전

가지치기, 유인 후

다음 해 봄철 개화

나선형을 유도하면서 단차 가지치기를 한 '샐러맨더(Salamander)'의 모습이다. 다음 해 봄에는 360도 전면에 꽃이 피었다. 두드러지게 선명한 색채에, 꽃이 오래가고 봄이 지난 후에도 꽃이 잘 피는 품종이다.

아치

S자를 유도하면서 유인 작업하기

아치는 장미꽃 속을 빠져나가는 재미를 느낄 수 있습니다. 다음 페이지의 그림처럼 기본적으로는 'S자'를 유도하면서 구조물에 새순을 묶습니다. 선단형 품종이라면 상단에서 꽃피우는 가지, 중단의 가지, 하단의 가지로 길이에서 차이가 나도록 '단차 가지치기'를 합니다.

작업 전

가지치기, 유인 후

다음 해 봄철 개화

S자를 유도하면서 단차 가지치기와 유인을 한 '마리 퀴리(Marie Curie) IYC 2011'. 아치 형태로 골고루 꽃이 피었다. 조기 개화성이며 향기가 강하고, 봄 이후에도 꽃이 잘 피는 품종이다.

기본 가지치기 & 유인 작업

오벨리스크: 전체형 품종·나선형 유인

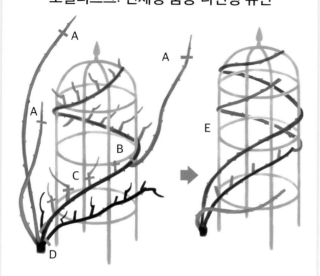

아치: 전체형 품종·S자 유인

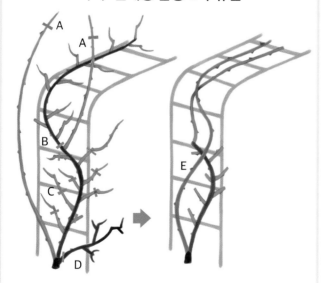

A 새순의 선단(앞쪽 끝)을 10~20 cm 정도 잘라낸다(93쪽 참조).
B 위쪽은 가지가 많으므로 유인하면서 가지를 정리하고 오래된 새순의 일부를 잘라낸다(96쪽 step ② 참조).
C 꽃가지는 2~3마디 남기고 잘라낸다(92쪽 step ⑥ 참조).
D 마른 가지, 잔가지와 오래된 가지는 연결 부위에서 자른다 (90쪽 step ③, 91쪽 step ①, 92쪽 step ⑤ 참조).
E 오벨리스크는 나선형을 그리도록 유인한다. 아치는 느슨하게 S자를 그리도록 유인한다.

단차형 가지치기 & 유인 작업

오벨리스크: 선단형 품종·단차 가지치기

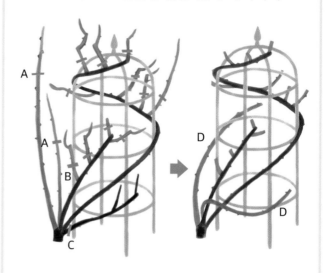

아치: 선단형 품종·단차 가지치기

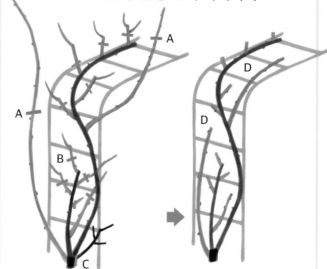

A 새순을 유인하면서 꽃을 피우고 싶은 위치에 맞춰서 자른다 (98~99쪽 참조).
B 꽃가지는 2~3마디 남기고 잘라낸다(92쪽 step ⑥ 참조).
C 마른 가지, 잔가지와 오래된 가지는 연결 부위에서 자른다 (90쪽 step ③, 91쪽 step ①, 92쪽 step ⑤ 참조).
D 아치와 오벨리스크에서 가지가 적은 곳을 보완할 수 있도록 A에서 자른 새순을 유인한다.

12^월 고민 해결 Q&A

덩굴장미의 가지치기와 유인 작업을 할 때 자주 발생하는 질문 3가지를 소개합니다.

Q1 이식한 지 몇 년이 지났는데 새순이 잘 나오지 않아 그루터기가 허전합니다. 어떻게 해야 할까요?

A1 구조물의 상단까지 가지가 도달하면 그 후에 나오는 새순은 가급적 아래쪽으로 유인하세요.

적더라도 새순이 나왔다면 '사례 ①'을, 전혀 나오지 않았다면 '사례 ②'나 '사례 ③'을 적용합니다.

새로 나온 새순

사례 1

가지가 구조물의 상단까지 도달했다. 긴 새순이 3개 나와 있지만 굳이 상단까지 유인하지 않고 중간~아래쪽으로 짧게 잘라 유인했다. 품종은 '초콜릿 선데이'.

cut

싹을 확인

검은 싹이 뻗어나왔다. 잘라야 할 곳을 잘 모르겠으면 분지한 위치에서 자른다.(112쪽 참조)

사례 2

반드시 아래쪽에서 싹트기를 원할 때의 최종 수단! 건강하지만 오래된 가지를 과감하게 싹둑 자른다. 자르는 위치는 싹(92쪽 참조)을 확인하고 바로 위에서. 품종은 '시티 오브 요크(City of York)'.

사례 3

가지가 유연해서 잘 휘어지는 중·소륜 품종은 위에서 아래로 가지를 늘어뜨리면서 S자로 유인한다. 품종은 '매닝턴 모브 램블러(Mannington Mauve Rambler)'.

샘플 장미는 '댄싱 퀸'. 사철 개화성이 뛰어난 향기가 좋은 덩굴장미. 내병성도 있고 악조건을 견디는 품종이다.

(92쪽 참조)

Q2 오래된 가지만 있는 장미는 어떻게 가지치기를 할까요?

A2 오래된 가지를 소중히 남기면서 가지치기를 합니다.

아래는 이식 후 5년이 지난 '댄싱 퀸'. 새순이 나오지 않은 상태입니다. 하지만 오래된 가지에도 꽃이 핍니다. 이런 개체는 가는 가지를 잘라내면서 꽃가지를 2~3마디 남기고 자릅니다(92쪽 참조). 가지치기 후에는 언뜻 보기에 가지가 울퉁불퉁해 보이지만, 사진처럼 6년째 봄을 맞이했을 때도 많은 꽃이 피었습니다.

가지 정리

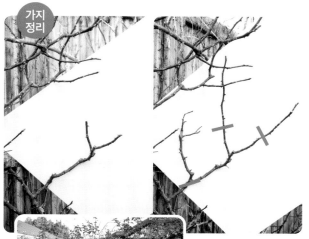

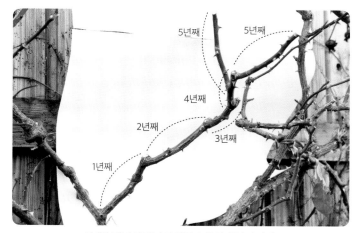

5년째 5년째
4년째
2년째
3년째
1년째

5년간 매년 자라난 가지를 소중하게 남긴 사례

❶ 가지치기, 유인 작업 전

❷ 가지치기, 유인 작업 후

❸ 봄날의 개화

Q3 구조물을 설치하지 않아도 할 수 있는 유인 아이디어를 알려주세요.

A3 기존의 수목도 유인 장소가 될 수 있습니다.

아치 등의 구조물 없이 서 있는 나무를 이용하는 방법도 있습니다. 높은 위치에서 꽃을 피우기 때문에 꽃가지가 휘어지는 품종이나 꽃이 고개를 숙이는 품종을 추천합니다.

샘플 장미는 '르 포트 로맨티크 (Le Port Romantique)' 인기 품종인 피에르 드 롱사르 (Pierre de Ronsard)의 눈돌연변이.

1월

직립장미 & 반덩굴장미

유형별 6가지
가지치기

가지치기가 끝나면
깔끔해진 정원의 모습에
기분이 좋아집니다.

LES ROSES.

ROSA GALLICA

Versicolor. (Voyez page 75, var. 98)

R. Gallica (versicolor) germinibus globosis ;
eleganter variegatis ; pedunculis hispidis ; cau
aculeatis ; foliolis subovatis , subtus villosa.

LE ROSIER DE
à Fleurs pa

DESCR

Cette belle variété du R
à la hauteur de deux à
d'aiguillons d'inégale le
plus petits presque p
folioles oblongues
glabres en-dessus
leur bord. Ell
un peu aigu
aiguës au
peu odo
mité s
son

현재 우리가 재배하는 장미 중에는
예전부터 존재하는 품종도 많이 있다.
사진은 1817~1824년에 식물화가 르두테
(Pierre-Joseph Redouté)가 나폴레옹 1세의 황
후 조세핀이 수집한 장미를 그린 것이다. 그림의
장미는 '로사 갈리카 베르시콜로르(Rosa Gallica
Versicolor)'로 별명 로사 문디(Rosa Mundi).

Rosa Gallica Versicolor.

Rosier de France à fleurs panachées.

장미를 왜 가지치기해야 할까?

89~103쪽에서 설명한 덩굴장미와 마찬가지로 직립장미와 반덩굴장미는 가지치기를 하지 않아도 꽃이 핍니다. 하지만 생육하는 대로 그냥 내버려두면 어떤 품종은 가지가 2 m가 넘어 모처럼 핀 꽃을 눈높이에서 즐길 수가 없습니다. 또 마른 가지 때문에 꽃의 아름다움이 훼손되기도 합니다.

가지치기를 하는 목적은 다음과 같습니다.

목적 ❶ **신진대사 촉진**　중심 줄기를 새로운 새순으로 갱신
목적 ❷ **병충해 예방**　통풍을 좋게 해서 잎과 가지가 시드는 현상을 해소
목적 ❸ **미관 향상**
목적 ❹ **수형 조절**

가지치기의 단점

가지치기의 단점도 있습니다. 살아 있는 가지를 잘라냄으로써 에너지를 빼앗기 때문에, 잘못해서 약해진 장미의 가지를 짧게 잘라버리면 시들거나 생육 상태가 나빠질 수도 있습니다. 이것을 막기 위해서라도 장미의 생육 상태를 올바르게 판단하는 것이 중요합니다.

적절한 시기는 장미가 완전히 휴면해 있는 12월 하순~2월 중순(간토 지방 아래쪽 평지 기준)입니다. 너무 일찍 작업하면 장미가 휴면하지 않고 가지치기 후에 싹이 자라기 시작하면서 추위로 상하게 됩니다. 작업이 늦어지면 싹이 트면서 양분을 잃게 됩니다. 그래서 적기를 지키는 것이 중요합니다.

이달의 주요 작업
덩굴장미의 가지치기와 유인 (90~103쪽 참조)
직립성, 반덩굴성 가지치기

이달의 관리법	
두는 장소	관리하기 좋은 곳(음지 가능)
물 주기	화분에 이식한 것은 3~4일에 1회, 정원에 이식한 것은 필요 없음
비료	비료 주기(겨울에 비료 주기)
병충해	깍지벌레 등에 대한 방제 작업 (그 외의 병충해는 123~125쪽 참조)

확실하게 확인한 후 제대로 가지치기하기!

당신의 장미는 어떤 타입인가요?

직립장미를 다시 2가지 유형으로 분류

반덩굴장미를 다시 4가지 유형으로 분류

1^월 직립장미 & 반덩굴장미
유형별 6가지 가지치기

중간까지는 모든 장미에 적용 가능합니다. 여기서는 기본적인 작업의 흐름을 직립성의 작은 품종을 예로 들어 설명합니다.

작업 전

잎과 시든 꽃자루가 남아 부스스한 상태. 분지가 잘 되는 품종이라 가지가 밀집해 있어 장미 전체의 형상을 알기 어렵다.

step 1

잎을 모두 딴다

남아 있는 잎을 모두 뜯어내 전체적인 모양을 보기 좋게 한다. 봄 이후 생육기의 질병을 예방하고, 해충 대책으로도 중요한 작업이다.

step 2

죽은 가지를 잘라낸다

가지의 생사를 판단하기 어려운 경우에는 가지 끝을 조금 잘라본다. 심지가 녹색을 띠고 있으면 살아 있는 것이다.

작업 후

가지 수가 줄어들어 전체 모습이 깔끔해졌다. 이후 다시 가지를 잘라내는 작업을 실시한다(이후에는 유형별로 해설). 샘플 품종은 마담 브라비(Madame Bravy).

잔가지

잔가지

오래된 가지

오래된 가지

step 3

잔가지를 자른다

오른쪽 페이지 사진에서 가지의 굵기를 참고하여 전년도 생육기에 자라난 잔가지(꽃이 피지 않은 가는 가지)를 자른다.

오래된 가지

오래된 가지

step 4

오래된 가지를 자른다

step ③에서 잔가지를 자른 뒤 오래된 가지만 남았다면 연결 부위에서 자른다. 가지가 새것인지 오래된 것인지는 오른쪽 페이지의 왼쪽 사진을 참고로 판단한다.

직립장미 &
반덩굴장미를
가지치기할 때
남기는 가지를
구분하는 방법

이 정도 굵기면 개화합니다!

꽃의 크기를 기준으로 남겨야 할 잔가지의 기준을 알아봅니다.
대륜 품종 중에서도 생육 상태가 눈에 띄게 나쁜 경우에는 잔가지까지 남기도록 합니다. 반대로 소륜 품종 중에서도 생육이 왕성한 것은 대나무 꼬챙이 크기라도 과감하게 가지치기를 해서 솎아내야 합니다.

대륜 품종	중륜 품종	소륜 품종
꽃의 지름 약 10 cm 이상	꽃의 지름 5~10 cm 정도	꽃의 지름 약 5 cm 이하
⬇	⬇	⬇
연필 굵기	나무젓가락 굵기	꼬치 꼬챙이 굵기
'스프린터' (Sprinter)	'젠'(禅)	'파더스 데이' (Fathers Day)

새로운 가지와 오래된 가지를 구분하는 방법

새로운 가지

가지의 표피

가시

싹

가지의 표피 흠집이 적고 광택이 나며 매끄러운 경우가 많다.
가시 갈색빛이 많고 물기가 남아 있는 경우가 많다. 흠이 난 것도 적다.
싹 대체로 마디마다 붉은 싹이 있다.

오래된 가지

가지의 표피

가시

싹

가지의 표피 흠집이 많고 광택이 없으며 표피가 거칠어져 있는 경우가 많다.
가시 회색빛이 부분 혹은 전체적가 흠이 진 것이 많다.
싹 붉은 싹이 있기도 하지만 대부분은 검은 점이 있는 상태다.

새 가지는 어느 것?

여러 갈래로 갈라진 가지를 자세히 살펴보면 오래된 가지(B)의 중간이나 앞쪽 끝에서 새 가지(A)가 자라나 있는 것을 알 수 있습니다. 가지치기를 할 때 올해 자란 새 가지는 어느 것일까요? 또 오래된 가지는 어느 것일까요? 왼쪽의 기준을 기억해두고 구분하면 작업을 원활하게 진행할 수 있습니다. C는 전년도에 가지치기한 위치. D는 전전년도에 가지치기한 위치입니다.

1^월 유형별 6가지 가지치기

직립장미와 반덩굴장미는 덩굴장미에 비해 가지치기를 많이 하기 때문에 생육 상태를 파악하는 것이 중요합니다.

직립장미(bush rose)의 가지치기

왜성 품종

왜성 품종은 봄철 개화 이후에도, 사람의 눈높이를 넘는 경우는 거의 없습니다. 따라서 모양을 정리하는 것 이외에는 가지를 짧게 잘라낼 필요가 없습니다. 가지에 양분이 많이 남도록 가급적 길게 남겨서 많은 꽃을 피우게 합니다. 다만 화분에 심었다면, 화분 높이에 비해 전체적으로 높으므로 균형을 고려해서 정원에 이식한 것보다 약간 짧게 가지치기합니다.

작업 전

이식 후 5년이 경과하여 순조롭게 생육하고 있는 장미. 원래 작고 생육이 느린 품종이지만 훌륭하게 성장하고 있다.

기본 작업 후

잔가지나 마른 가지를 잘라내어 깔끔해졌지만, 가지 끝이 고르지 않고 들쭉날쭉해 보인다.

가지치기 후

짧은 가지에 맞춰 긴 가지의 가지 끝을 잘라내서 전체적인 모습을 정리했다.

봄철 개화

샘플 장미는 '마담 브라비(Madame Bravy)'. 사철 개화성인 올드 로즈(재래종 장미)이며, 가는 가지가 잘 분지되어 자란다. 꽃이 달린 끝부분이 가늘고 고개를 숙이듯이 개화한다. 꽃에 티 계열의 향기가 난다.

자르기 작업의 포인트

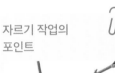

모양을 정리하기 위해 가지 끝을 자를 때는 싹의 위에서 자릅니다.

왜성 품종의 예
- 아이즈 포 유(Eyes for You)
- 테디 베어(Teddy Bear)
- 프리지어(Freesia)

이자요이바라
(十六夜, Rosa roxburghii)
수세가 약하며 키가 작고 자그마하게 자란다. 향기가 강하고, 꽃송이가 크다.

수고가 높아지는 품종과 옆으로 크게 뻗어나가는 품종

수고가 높아지는 품종은 봄철에 일번화가 피고 난 후 이번화, 삼번화가 피면서 계절이 지날수록 키가 커져서 늦여름에 가지치기를 해도 가을에는 올려다봐야 할 정도로 높아져 버리는 경우가 가끔 있습니다. 이런 품종은 과감하게 가지를 짧게 자릅니다. 또 가지가 옆으로 크게 뻗어나가는 품종도 있는데, 마찬가지로 가지치기해서 크기를 줄입니다.

작업 전

이식 후 5년이 경과하여 순조롭게 자라고 있는 장미. 전년도 겨울에는 가지치기를 해서 1 m 이하로 잘라냈지만, 봄부터 겨울에 걸쳐 2 m가 넘을 정도로 크게 성장했다.

기본 작업 후

시든 가지나 개화를 기대할 수 없는 잔가지를 자른 후의 상태(나중에 가지 전체를 잘라내기 때문에 잎을 따는 작업은 하지 않는다). 최대한 수고를 낮추기 위해 과감하게 자르기는 해도, 새로운 가지(최근 생육하는 가지)를 10~15 cm는 남겨야 한다.

가지치기 후

전체 높이의 3분의 1까지 낮아졌다. 이런 가지치기를 해도 그루터기에서 새순이 나오지 않을 경우 매년 10~15 cm씩 수고가 높아진다(횡장형 품종의 경우 바깥쪽으로 가지가 퍼져 나간다).

봄철 개화

샘플 장미는 '밤의 선율(夜の調べ)'. 가지 모양이 약간 거칠고 수고가 높다. 짙은 검붉은색 반겹 개화의 꽃에 황금빛 화심(花心. 꽃술이 있는 부분-옮긴이)이 빛난다. 여러 송이가 피면서 꽃이 잘 핀다. 다마스크 계열의 강한 향기. 직립성.

자르기 작업의 포인트

가급적 짧게 자르고 싶겠지만 오래된 가지까지 잘라버리면 수세가 상당히 약해지기 때문에 새 가지를 10~15 cm 남기고 잘라낸다.

수고가 높아지는 품종의 예
- 퀸 엘리자베스 (Queen Elizabeth)
- 크리스찬 디올 (Christian Dior)
- 파파 메일랜드 (Papa Meilland)

가지가 옆으로 뻗어나가는 품종의 예
- 그레핀 디아나 (Graefin Diana)
- 맥카트니 로즈 (The McCartney Rose)
- 흑진주

'샴페인 칵테일 (Champagne Cocktail)'
연한 노란색 꽃잎에 희미한 핑크빛 무늬가 들어 있고 티 계열의 강한 향기가 난다.

반덩굴장미(Shrub Rose)의 가지치기

Type C

가지가 견고한 품종

기본적으로는 109쪽 Type B 직립성의 '수고가 높아지는 품종과 옆으로 크게 뻗어나가는 품종'과 같은 방식입니다. 반덩굴성이니만큼 더 크게 자라기 때문에 잘라내는 양이 더 많아집니다.

작업 전

약 2.5 m가 되어 사람의 키를 훌쩍 넘길 정도로 커졌다.

기본 작업 후

가지의 모양을 알 수 있게 되었다.

가지치기 후

수고를 낮추기 위해 새 가지를 10 cm 정도 남기고 잘랐다.

봄철 개화

샘플 장미는 '프라이어리스(The Prioress)'. 꽃송이가 큰 찻잔형으로 개화하며, 아니스(Anise)의 강한 향기가 난다. 여러 송이로 개화하며 꽃이 잘 핀다. 단단하고 튼튼한 가지가 높이 자란다. 사철 개화성.

직립성 품종의 예	• 나헤마(Nahema) • 퀸 오브 스웨덴(Queen of Sweden)
횡장성 품종의 예	• 스트로베리 아이스(Strawberry Ice) • 프라우 홀레(Frau Holle)
중간 유형 품종의 예	• 프라고나르(fragonard)

Type D

가지가 부드러운 품종

기본적으로 가지는 Type C와 마찬가지로 길게 자랍니다. 하지만 짧게 자르면 기세 좋게 뻗어 나온 가지에 많은 꽃봉오리가 달려서 자신의 무게를 견디지 못하고 쓰러져서 모습이 흐트러집니다. 그래서 Type C보다는 가지를 길게 남기고 가지 수를 늘리도록 합니다.

작업 전

길게 뻗은 가지가 호를 그리듯이 퍼져 있다.

갈라진 가지의 마디에서 여러 개의 싹이 자라기 때문에, 과감하게 마디에서 잘라 싹의 수를 늘리고 새 가지가 뻗어 나오는 힘을 분산시켰다.

가지치기 후

step ①~④의 기본 작업 후 가지 끝을 절반 정도 잘라냈다.

봄철 개화

샘플 장미는 엔 로제(En Rose). 자연의 정취를 느끼게 하는 가벼운 중간 크기의 꽃이 끊임없이 핀다. 가지는 가늘고 유연하며, 우아하게 호를 그리듯 뻗어나간다. 사철 개화성.

개장형(開張形. 퍼지면서 자람) 품종의 예
• 소니아 리키엘(Sonia Rykiel) • 리몬첼로(Limoncello)
포복성(땅 위를 기어가듯이 자람) 품종의 예
• 알바 메이딜란드(Alba Meidiland) • 레드 캐스케이드(Red Cascade)

Type C

한철 개화성 품종

한철 개화성 품종은 수형에 관계없이 겨울에 함부로 가지치기를 하면 꽃이 피지 않게 됩니다. 마른 가지나 개화를 기대할 수 없는 잔가지 등을 자르는 것 이외에는 가급적 건드리지 않는 것이 좋습니다. 너무 크게 자란 경우에는 가지 끝을 살짝 잘라도 되지만 자르지 않는 편이 자연의 아름다운 모습 그대로 감상할 수 있습니다. 작게 유지하고 싶다면 늦여름에 가지치기를 해서 크기를 조절합니다(63쪽 case ③ 참조).

작업 전

잎은 거의 낙엽이 지고 길게 뻗은 가지가 튀어나온 상태.

step ①~④의 기본 작업 후 가지 끝은 거의 자르지 않고, 다소 북적이는 곳이나 너무 강한 가지의 개수를 줄여 모습을 정리했다.

가지치기 후

가지를 거의 잘라내지 않았지만 잔가지가 없어지고 모양이 산뜻해졌다.

봄철 개화

샘플 장미는 '로사 마잘리스 포에쿤디시마'(Rosa majalis Foecundissima). 작은 송이의 많은 꽃이 개화하는 야생종계 품종이다. 가지 모양이 가늘고 부드러우며 겨울철에는 가지에 붉은빛이 나므로 아름답다. 한철 개화성.

야생종과 야생종계 품종의 예
- 로사 커니나(Rosa canina) · 카나리 버드(Canary Bird)

올드 로즈 품종의 예
- 마담 하디(Madame Hardy) · 트리긴티페탈라(Trigintipetala)

Type F

작고 풍성한 품종

반덩굴성 중 신축성이 좋고 분지를 반복하면서 울창하게 우거지는 타입. 기본적인 가지치기를 한 후에는 먼저 전체를 깎아내듯이 아웃라인을 만들고, 그 후에는 가는 가지와 안쪽 가지, 북적이는 곳의 가지 등을 솎아내면 원활하게 작업이 진행됩니다.

작업 전

군데군데 튀어나온 가지의 길이가 제각각이다.

자라나온 가지 끝을 가지런하게 자른다. 가지를 솎아내듯이 북적이는 곳부터 차례로 연결 부위를 잘라 가지의 수를 줄인다.

가지치기 후

적당한 틈이 생기고 잔가지가 정리되어 깔끔해졌다.

봄철 개화

샘플 장미는 '로제 당주(Rose d'Anjou)'. 반덩굴성 중에서는 작고, 약간 옆으로 기어가는 포복성이다. 사철 개화성이며 연속적으로 개화한다. 내병성은 있지만 진드기에는 주의해야 한다.

작고 풍성하게 우거지는 품종의 예
- 핑크 드리프트(Pink Drift) · 더 페어리(The Fairy)

고민 해결 Q&A

직립장미 &
반덩굴장미의
가지치기,
이럴 땐 어떻게
할까?

 새순이 적은데 수고가 높다면
어떻게 해야 할까요?

A1 **순조롭게 생육하고 있다면 원하는 높이에서 과감하게 오래된 가지를 잘라냅니다.**

새순이 적게 나오는 품종에서는 햇수가 지남에 따라 수고가 높아지는 경우가 있습니다. 이런 경우 겨울철에 오래된 가지를 과감하게 잘라 나무의 키를 낮춥니다.

오래된 가지는 새 가지보다 싹의 위치를 파악하기 어렵습니다. 따라서 검은 점 같은 흔적이 있으면 그 위에서 자릅니다. 그런 흔적도 찾기 어렵다면 마디에서 자르면 대체로 새싹이 돋아납니다.

작업 전

가지치기 후

봄철 개화

순조롭게 생육하고 있지만 새순이 잘 나오지 않는 품종이기 때문에 해마다 수고가 높아진 장미. 가을에는 사람의 키를 넘을 정도가 되어버렸다 (사진은 설해를 대비해 이미 50 cm 정도 가지를 잘라낸 상태).

전체의 4분의 3 정도(설해를 대비해 자른 것 포함)까지 잘라냈다. 짧게 가지치기한 만큼 확실하게 비료를 주었다(116쪽 참조).

샘플 장미는 '실버 섀도(Silver Shadows)'. 신비로운 연한 보라색과 강한 블루 로즈 향기가 매력적이다. 새순이 잘 생기지 않는 직립성 품종. 모든 요소가 평균 이상인 품종으로 악조건을 견디고 살아남는 힘이 있다.

 마디(가지가 갈라진 곳)에서 잘라도
싹이 자랄까요?

싹이 있다

가지가 갈라진
마디에서 잘라도 OK.

A2 **자랍니다.**

마디라고 해도 싹이 있으면 잘라도 괜찮습니다. 이런 경우에는 잘린 면 주변에서 싹이 자라기 시작합니다. 여러 개가 자라기 시작했다면 봄에 싹의 수를 정리해도 됩니다.

Q3 생육이 좋지 않은 장미의 가지치기는 어떻게 하면 될까요?

A3 **가지치기를 최소한으로 합니다.**

생육이 나쁜 장미를 실수로 짧게 가지치기하면 생육 상태가 더욱 나빠지거나 고사합니다. 이런 장미는 가지를 최소한으로 자르고 최대한 양분을 남기도록 합니다.

작업 전

잎을 따고, 마른 가지는 연결 부위에서 자른다. 잔가지도 남기면서 나무 형태를 가볍게 다듬는 정도로 잘라서 정리했다. 빨간 표시가 잘린 위치.

가지치기 후

가지를 거의 자르지 않았다는 것을 알 수 있다. 약한 개체는 수고가 높아도 너무 많이 자르지 말고 양분을 남기는 것이 중요하다.

봄철 개화

가지치기 후 비료를 줬기 때문에 어느 정도 개화했다. 샘플 장미는 '브라스 밴드(Brass Band)'.

Q4 갓 이식한 큰 모종의 가지치기는 어떻게 하나요?

A4 **기본적으로 가지치기를 하지 않습니다.**

정원에 이식한 큰 모종은 가지가 시들지 않는 한 기본적으로 가지치기를 하지 않습니다. 화분 이식을 단정하게 하고 싶은 경우에는 조금 잘라도 괜찮습니다(오른쪽 사진). 하지만 재배하는 데 익숙하지 않은 초보자들은 무리하게 자르지 말고 그대로 남겨둡니다. 수고가 약간 높아지지만 확실하게 꽃이 피고 꽃의 수도 많아집니다.

새싹을 연결 부위에서 자르되 도려내듯이 자르지 말 것.

가지치기 전

빨간 표시 부분에서 가볍게 가지치기했다.

개화한 모습은 85쪽 참조

가지치기 후

2월

휴면 중에 가능한 작업하기

1년의 기본이 되는 시비, 이식, 해충 대책

겨울도
얼마 남지 않았습니다.
싹이 트기 전에
마무리 작업을 해서
기분 좋게 봄을
맞이합시다!

아름다운 살구핑크빛의 꽃잎을 가진 '알파인 선셋(Alpine Sunset)', 프루티 계열의 짙은 향기가 나며, 사철 개화성, 직립성의 아담한 수형이다. 내서성과 수세가 다소 약해서 중급자 이상에게 추천하는 품종.

싹트기 전에 해야 할 3가지 작업!
시비, 깍지벌레 대책, 이식

겨울이 거의 끝나는 2월에 해야 할 작업이 있습니다. 비료 주기, 깍지벌레 대책 세우기 등입니다.

시비(겨울 비료)는 1년 동안 생육의 원천이 되는 중요한 작업입니다. 성장이 빠른 목향장미 같은 품종은 예외지만, 기본적으로는 모든 품종에 비료를 줍니다. 새 계절을 맞이하기 위해 잊지 말고 비료를 주세요.

깍지벌레가 발생한 경우, 가지치기 후에 잎이 없고 가지도 적은 이 시기가 대책을 생각할 최적기입니다. 방치하면 장미가 고사할 수도 있을 정도로 큰 피해를 주는 해충이므로 꼼꼼하게 작업해서 확실하게 제거해야 합니다.

정원에서 생육하는 장미는 겨울이 이식하기에 좋은 시기입니다. 크게 자란 것도 휴면기에는 비교적 이식하기 쉬우므로 겨울 동안 과감하게 도전해봅시다.

카나리 버드

리장 로드 클라이머

이달의 주요 작업

시비(겨울 비료)
깍지벌레 대책
이식
덩굴장미의 가지치기와 유인 (90~103쪽 참조)
직립성, 반덩굴성 장미의 가지치기 (106~111쪽 참조)

이달의 관리법

두는 장소	관리하기 쉬운 곳(음지 가능)
물 주기	화분에 이식한 것은 3~4일에 1회, 정원에 이식한 것은 필요 없음
비료	화분에 이식한 것, 정원에 이식한 것 모두 필요
병충해	깍지벌레 방제(그 외의 병충해는 123~125쪽 참조)

장미의 계절을 알리는
일찍 피는 장미들

카나리 버드
(Canary Bird)

연노란색의 홑겹 개화이며, 간토 지방 서쪽에서는 4월 초순~중순에 개화한다. 질병에도 강하고 키우기 쉽다. 한철 개화성.(사진 위)

리장 로드 클라이머
(Lijiang Road Climber) 그룹

목향장미와 같은 시기에 개화한다. 티 계열의 중간 향기. 수세가 매우 강하고 질병에 강하며 크게 생육한다. 한철 개화성.(사진 아래)

시비 & 해충 대책

시비는 가지치기와 함께 중요한 겨울 작업입니다. 또 깍지벌레 대책도 검은무늬병 대책과 마찬가지로 확실하게 해두어야 합니다.

봄이 오기 전의 작업 1 적기는 12월 하순~2월 하순

정원 또는 화분에 이식한 후 겨울철 시비

1년의 에너지원이 되는 중요한 시비

겨울 비료는 향후 1년 동안 생육의 원천이 되는 중요한 역할입니다. 정원에 이식한 경우에는 아래 사진과 같이 고형 발효유 찌꺼기 등의 비료와 퇴비를 그루터기 주위에 구멍을 파서 넣고, 화분에 이식한 경우에는 화분 가장자리 쪽으로 비료를 줍니다.

생육 상황과 품종에 따라 비료의 양을 조절

기본적으로 모든 품종에 비료를 주는데, 특히 에너지 소모가 많은 사철 개화성 품종이나 아직 미성숙한 어린 모종은 규정된 양(비료에 따라 다름)보다 적게 주지 않도록 주의합니다.

금앵자(학명 *Rosa laevigata*)의 성숙한 장미를 비롯해 수세가 강하고 제멋대로 자라는 품종은 비료를 적게 줍니다. 상태가 좋으면 전혀 주지 않아도 됩니다. 자연의 정취 그대로 감상하고 싶은 야생종도 마찬가지입니다.

비료를 많이 주면 꽃이 잘 피지 않는 '루지 피에르 드 롱사르(Rouge Pierre de Ronsard)'와 '펀장로우(粉粧楼)' 등도 겨울 비료를 적게 줘서 장미의 힘만으로 봄꽃을 피게 해도 꽃이 잘 핍니다. 이 품종들은 꽃이 핀 후 감사비료를 많이 줘서 다음 해 장미 만들기를 대비합니다.

준비물

퇴비
정원에 이식할 경우에는 토지의 생산력을 높이기 위해 퇴비도 섞는다. 부엽토나 쇠똥 퇴비 어느 것이라도 된다. 한 그루당 1~2 ℓ 정도가 기준이다.

고형 비료
깻묵 등의 유기질 고형 비료를 중심으로 사용한다. 사용하는 양은 비료마다 다르므로 반드시 사용 설명서를 확인한다.

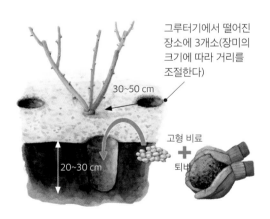

그루터기에서 떨어진 장소에 3개소(장미의 크기에 따라 거리를 조절한다)

30~50 cm

20~30 cm

고형 비료
+
퇴비

정원에 이식한 경우 비료 주는 방법

구덩이의 깊이는 20~30 cm. 구덩이 속에서 고형 비료와 퇴비, 흙을 잘 섞어서 파낸 흙을 다시 묻는다.

화분에 이식한 경우 비료 주는 방법

규정량의 고형 비료를 화분의 가장자리 부근에 뿌린다. 화분 이식의 경우에는 너무 많이 주지 않도록 특히 주의한다.

봄이
오기 전의
작업 2

적기는 가지치기 후~2월 하순

깍지벌레 대책

준비물

- 브러시(혹은 오래된 칫솔)
- 깍지벌레에 사용하는 에어로졸 살충제(혹은 피리미포스 메틸(Pirimiphos-methyl) 유제를 희석해서 사용해도 된다)
- 마스크
- 고글
- 장갑

칫솔의 모가 단단하기만 하면, 오래된 것을 사용해도 된다. 쇠 브러시는 가지를 손상시킬 수 있으므로 피한다. 약제 살포시 마스크와 고글, 장갑을 착용할 것.

장미흰깍지벌레
(학명 *Aulacaspis rosae*)
암컷 성충은 쌀알보다 작은 둥근 조개껍데기 모양이며, 수컷의 2령 유충(1회 탈피한 유충-옮긴이)은 가늘고 긴 모양을 하고 있다. 유충과 수컷 성충은 이동할 수 있지만 암컷 성충은 이동하지 못한다.

해충은 제거하기 어렵기 때문에 방치하면 피해가 심각

가지 표면에 하얗게 가루 상태의 물질이 묻어 있거나 조개껍데기 같은 둥근 것이 부착되어 있으면 깍지벌레일 가능성이 큽니다. 얼핏 보면 큰 피해가 없는 것 같지만 가지에서 영양분을 빨아들이고 있어 대량 발생한 상태로 방치될 경우, 장미는 쇠약해져서 결국 고사할 수도 있습니다.

깍지벌레는 비가 잘 오지 않는 환경이나 통풍이 잘 되지 않는 장소에서 특히 잘 번식하고 베란다에서는 대량 발생할 수가 있습니다. 또 2차 피해로 그을음병이 발생해서 가지와 잎이 검게 변하기도 합니다.

가지치기를 해서 잎이 없어지고 가지의 양이 가장 적어지는 겨울에는 해충이 잘 보이므로 깍지벌레를 제거할 수 있는 가장 좋은 시기입니다. 깍지벌레는 번식력이 매우 강해서 제거할 때 조금이라도 남아 있으면 금방 증식해서 다시 원래 상태로 돌아갑니다. 구제 작업은 놓치는 부분이 없도록 철저하게 하는 것이 중요합니다.

또 깍지벌레는 갑자기 발생하는 것이 아니라, 대부분 모종에 부착된 상태로 반입되거나 주변의 장미에서 이동해 번식합니다. 따라서 모종을 구입할 때 주의 깊게 확인하는 것도 중요합니다.

step 1

브러시로 긁어낸다

가지에 부착된 성충을 브러시로 긁어낸다(떨어진 암컷 성충은 이동하지 못하므로 그대로 죽는다). 깍지벌레는 가장귀(나뭇가지의 갈라진 부분)나 오래된 줄기가 말려 올라간 나무껍질 아래, 낡은 유인 끈 아래에 숨어 있는 경우가 많으므로 나무껍질을 벗기거나 낡은 끈을 벗겨내는 등 꼼꼼하게 제거해야 한다.

step 2

약제를 그루 전체에 골고루 살포

장미와 깍지벌레에 사용할 수 있는 살충제를 전체에 뿌린다. 가지의 뒷면을 포함해서 놓치는 부분이 없도록 확실하게 살포한다.

정원에 심은 장미 이식

뿌리를 캐내거나 가지치기 외의 이식 작업은 기본적으로 모종 이식과 같습니다.

봄이 오기 전의 작업 3 적기는 11월 하순~2월 하순

장미 이식

장미는 비교적 이식하기 쉬운 식물

식물은 종류에 따라 이식을 하면 고사하거나 현저하게 상태가 나빠지는 것들이 있지만, 장미는 상당히 큰 것 외에는 비교적 쉽게 이식할 수 있는 식물입니다.

- **적절하지 않은 장소에 심은 경우**
- **정원의 디자인 변경**
- **이사**

위의 3가지에 해당한다면 휴면기에 과감하게 캐내서 이식해야 합니다.

준비물

- 유기질 고형 비료
- 퇴비(기준은 흙 부피의 30%까지)
- 삽
- 지지대
- 부직포
- 끈
- 가지치기용 가위
- 물뿌리개

step 1

이식할 곳에 심을 구덩이를 판다

먼저 이식할 곳에 구덩이를 준비한다(86쪽 참조). 이식할 장미가 클 경우에는 모종보다 큰 구덩이를 준비한다.

step 2

장미를 캐낸다

이식할 장미의 가지를 묶은 뒤 그루터기에서 30~50 cm 떨어진 곳에서 뿌리를 절단한 후 캐낸다. 뿌리는 가능한 한 길게 캐내는 것이 좋다.

step 3

뿌리 끝부분의 절단면을 깨끗이 잘라낸다

삽으로 절단된 뿌리의 절단면을 가위로 정리한다. 이 작업으로 뿌리가 쉽게 재생할 수 있다.

가지를 자른다

A

B

step 4

가지를 잘라낸다

이식한 후 장미는 뿌리에서 흡수하는 능력이 떨어지므로 가지를 잘라내서 부담을 덜어준다. 뿌리가 잘 뻗어 있는 경우, 뿌리 볼륨(B)의 3~4배 정도의 가지(A)를 남겨도 활착한다. 덩굴장미에서 가지를 길게 남기고 싶은 경우에는 가지의 개수를 줄여서 조절한다.

구덩이에 비료와
퇴비를 넣는다

큰 모종을 심을 때와 마찬가지로 유기질 고형
비료와 퇴비(전체 양의 6분의 1 정도)를 구덩이
바닥에 넣고 흙과 잘 섞는다.

step 5

파낸 흙에
퇴비를 섞는다

파낸 흙에 퇴비(나머지 전부)를 넣고 잘 섞는
다. 모종의 뿌리 크기를 고려하면서 구덩이에
흙을 다시 채운다.

step 6

모종을 구덩이에
넣고 다시 흙을 넣는다

모종을 구덩이의 중앙에 놓은 다음, 나머지 흙
을 구멍에 넣는다.

step 7

물을
듬뿍 준다

물을 모아두기 위해 장미를 둥글게 둘러싸듯이
흙을 쌓아 올려 둑을 만들고, 10ℓ 정도의 물을
둑 안쪽에 모아놓듯이 듬뿍 준다. 물을 부으면
서 장미를 살짝 흔들어 뿌리와 뿌리 사이에 흙
이 파고들 수 있게 하는 것이 좋다.

step 8

부직포로
방한한다

다시 장미를 2~3개의 끈으로 가볍게 졸라서 작
게 묶고, 전체를 덮어씌우듯이 부직포로 감아
서 2~3곳을 끈으로 고정한다. 추위가 풀리는 3
월 초순을 기준으로 부직포를 벗기고 묶은 끈
을 푼다.

step 10

지면을 평평하게
고른 후 지지대를 세운다

물이 빠지면 둑을 평평하게 고른 후, 쓰러지는
것을 방지하기 위한 지지대를 세워 끈으로 묶
는다.

step 9

봄철 개화

샘플 장미는 '시티 오브 런던(City of London)'.
향기가 강한 꽃을 피우는 반덩굴성 품종. 아름
다운 꽃이지만 내서성이 약하고 고온기가 되면
아래쪽 잎이 떨어지고 가지도 검게 변한다. 이
번에는 장미를 석양이 잘 들지 않는 장소로 이
동했다. 그 효과 때문인지 폭염을 극복할 수 있
었다.

3 _월 개화 전 마무리 작업
봄을 대비한 병충해 대책과 준비 작업

겨울 작업이
끝나지 않았다면
서둘러서 시도해보세요.
그 작업들로 인해
봄철 꽃이
훨씬 예쁘게
필 수 있습니다.

창가를 장식하듯이 벽 한 면에 보라색 꽃을
피운 가와이 타카시(河合伸志) 작품의 품종
명이 정해지지 않은 덩굴장미. 창문 아래 가
로 40 cm, 세로 40 cm, 깊이 40 cm의 화단
공간이 있으면 이 풍경을 만들 수 있다.

드디어 생육 개시!
환절기는 관리법을 바꾸는 시기

해가 길어지고 날씨가 따뜻해지기 시작하는 3월은 장미가 휴면에서 깨어나는 계절입니다. 그런데 활동을 시작하는 것은 장미뿐 아니라 해충도 마찬가지입니다. 일찍 발견하고 빠르게 대처해서 봄을 맞이합시다.

큰 화분으로 옮겨심기, 가지치기, 겨울철 시비 같은 겨울 작업을 놓친 사람도 포기하지 말고 지금부터 할 수 있는 일을 합시다. 관리하기에 따라 봄철 개화에 차이가 나타납니다.

싹트기와 함께 물 주기를 늘린다

3월에 접어들어 날씨가 따뜻해지면 장미는 생육을 시작하고 새싹이 자라기 시작합니다. 햇볕이 잘 드는 남동향의 베란다나 정원의 양지바른 장소에서는 한층 더 빨리 생육을 시작합니다. 화분에 이식한 것은 생육 상태에 맞춰 물주는 양을 서서히 늘립니다.

마호로바(Mahoroba)

핫 초콜릿(hot chocolate)

이달의 주요 작업

준비 작업(큰 화분으로 이식, 가지치기, 겨울철 시비)
병충해 방제

이달의 관리법

두는 장소	반일 이상 햇볕이 드는 곳
물 주기	정원에 이식한 것은 필요 없음. 화분에 이식한 것은 3~4일에 1회부터 생육에 맞춰서 늘린다.
비료	화분에 이식한 것, 정원에 이식한 것 모두 필요 (겨울철 비료를 주지 않은 경우)
병충해	진딧물 등의 방제 (기타 병충해는 123~125쪽 참조)

장미꽃 피는 계절이 오면 집에서 가까운 장미 정원을 둘러보자

장미 정원에 가면 아름다운 꽃과 향기를 즐길 수 있는 것은 물론이고, 가지의 굵기와 가시의 많은 정도, 꽃이 피는 모양 등 장미의 다양한 특성을 배울 수 있습니다. 사진은 가나가와 현에 있는 '요코하마 잉글리시 가든'의 5월 모습.

121

3^월 아직 늦지 않았으니 포기하지 말 것!
큰 화분으로 옮겨심기, 가지치기, 겨울철 시비의 준비 작업

최적의 작업 시즌을 놓쳤으니 최대한 빨리 단숨에 작업을 끝내도록 합시다.

큰 화분으로 옮겨심기

장미는 1~2년마다 뭉친 뿌리를 털어서 새 용토에 심는 '분갈이'(76~77쪽)를 하지 않으면 기지현상(忌地現像)*과 뿌리 감김 현상으로 생육이 악화됩니다.

하지만 이미 생육을 시작한 이 시기에 뿌리 모양을 허물면 그 후의 생육에 영향을 미칠 수 있으므로 10호 이상의 큰 화분에서 재배하는 경우에는 그대로 둡니다. 그보다 작은 화분일 경우, 뿌리는 가급적 만지지 말고 2배 정도 큰 화분에 '옮겨심기'를 합니다.

● 기지현상: 연작을 할 경우 현저하게 생육이 느려지는 현상.

전년도에 분갈이를 하지 않은 장미는 큰 화분으로 옮겨심기를 한다!

❶ 뿌리를 쉽게 빼내기 위해 화분 바깥쪽을 두드린다.

❷ 그루터기를 들어 올려 화분에서 빼낸다.

❸ 더 큰 화분에 화분 밑돌과 용토를 조금 넣고 뿌리를 화분의 중심에 놓는다.

❹ 화분 주변으로 장미 전용 배양토 등 용토를 추가한다. 마지막으로 물을 듬뿍 준다.

겨울 비료

비료를 줄 시기가 늦었다고 당황한 나머지 비료를 많이 주지 않도록 포장지에 기재된 규정량을 지킵니다. 비료는 너무 많이 주면 병충해의 발생이 늘어나거나 꽃 모양이 흐트러집니다. 심할 경우 고사하는 원인이 되기도 합니다.

앞으로 성장하기 위해 필수적인 에너지원!

화분에 이식한 것은 흙 위에 비료를 놓는다. 정원에 이식한 것은 그루터기에서 30~50 cm 떨어진 곳의 땅 표면에 뿌린다(구덩이를 파면 뿌리가 절단될 수 있다. 생육기에 접어든 시기의 뿌리 절단은 생육에 악영향을 주기 때문에 피하는 것이 좋다).

가지치기

이 시기에는 가지치기를 거의 하지 않고 넘어가는 게 좋습니다. 이미 자라기 시작한 싹에 장미가 가지고 있는 영양분이 어느 정도 사용되고 있으므로 가지치기를 지금 하면, 그만큼 영양분을 잃을 가능성이 있기 때문입니다. 가지치기를 하지 않을 경우 영양분을 잃을 염려는 없지만, 수형은 흐트러집니다. 가지치기에는 일장일단이 있습니다.

가지치기를 한 장미는 생육 상태를 봐가면서 웃거름으로 수세를 회복시켜야 합니다. 또 생육이 나쁜 장미라면 마른 가지를 잘라내는 정도로만 하면 됩니다.

마음대로 자라는 가지나 마른 가지가 남아 있는 장미는 가지치기한다.

수고가 높은 것은 과감하게 잘라낸다. 너무 작거나 생육 상태가 불량한 장미는 마른 가지를 잘라내고, 수형을 정리하듯이 가지 끝을 잘라내는 정도로만 한다(사진은 작은 그루의 예).

3^월 미리 대비하면 예방할 수 있다. 일찍 준비하자!
병충해로부터 장미 보호하기

장미를 건강하게 키우기 위해서는 병충해 방제가 필수입니다. 피해를 최소화하기 위해 기억해두어야 할 주요 병충해와 발생 시기, 방제 방법을 소개합니다.

장미의 병충해 발생 시기 달력

※ 발생 시기는 간토 지방 아래쪽 평지 기준.

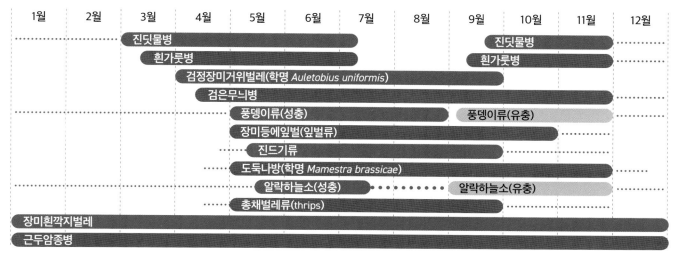

	1월	2월	3월	4월	5월	6월	7월	8월	9월	10월	11월	12월
진딧물병			■■■■■■■■■■						■■■■			
흰가룻병			■■■■■■■■						■■■			
검정장미거위벌레(학명 *Auletobius uniformis*)				■■■■■■■■■■■■■■								
검은무늬병				■■■■■■■■■■■■■■■■■■■■								
풍뎅이류(성충)					■■■■■■■				풍뎅이류(유충) ■■■■■			
장미등에잎벌(잎벌류)					■■■■■■■■■■■■■■							
진드기류				■■■■■■■■■■■■								
도둑나방(학명 *Mamestra brassicae*)				■■■■■■■■■■■■								
알락하늘소(성충)					■■■■■				알락하늘소(유충) ■■■■■			
총채벌레류(thrips)					■■■■■■■■■■■■■■							
장미흰깍지벌레	■■■■■■■■■■■■■■■■■■■■■■■■■■■■■■■■■■■■■											
근두암종병	■■■■■■■■■■■■■■■■■■■■■■■■■■■■■■■■■■■■■											

진딧물류
3월 상순~7월 초순
9월 하순~11월

● 생육기에 접어들면 가장 먼저 나타나는 해충으로, 1차 피크 시기는 이른 봄부터 초여름이다. 초기에는 새싹 부분에 띄엄띄엄 몇 마리 있는 정도이지만 방치해두면 순식간에 불어나 가지와 새싹, 꽃봉오리에 빽빽이 붙어 있다. 이런 상태에 이르면 근절시키기가 어렵다. 2차 피해로 진딧물의 배설물 때문에 그을음병이 발생하기도 한다.

● 예방과 대책
발생 초기에 약제를 살포한다. 식물의 종류를 불문하고 이동하므로 가까이 있는 식물에도 번지지 않도록 주의해야 한다.

흰가룻병
3월 중순~7월 초순
9월 중순~11월

● 새잎이 펼쳐지면서 동시에 가지 끝의 부드러운 부분을 중심으로 발생하기 시작한다. 흰 가루가 붙어 있는 것처럼 보인다. 잎이 위축되며 꽃봉오리의 경우 꽃이 피지 않을 수도 있다. 통풍이 잘 안 되고 공기가 정체된 장소에서 발생하기 쉽다. 비료를 너무 많이 주거나 절반 정도 햇볕이 드는 곳에 재배하는 것도 원인이 된다. 품종마다 내성의 강약이 있으므로 가급적 강한 품종을 선택하는 것이 중요하다.

● 예방과 대책
발생하면 가급적 초기에 약제를 살포한다. 하얀 가루(홀씨)가 흩날리며 퍼지기 때문에 가루를 씻어내거나 닦아내는 것만으로도 일정한 효과를 볼 수 있다.

조기 발견과 조기 대처!

장미 생육이 시작되면 동시에 해충의 활동도 활발해집니다. 위의 달력을 참고하여 조기 발견과 대처로 피해를 최소화하세요. 한 장이라도 더 많은 잎을 남기는 것이 중요합니다.

검은무늬병 대책으로는 평소 병든 잎을 제거하고 청소하는 것도 중요합니다. 또 비로 유발되기 때문에 비 오는 날만이라도 화분을 처마 밑으로 옮겨놓으면 예방이 됩니다. 갉아먹은 흔적이 있으면 반드시 해충이 있다는 증거입니다. 무심하게 지나치지 말고 빨리 대처하세요.

안타깝게도 병충해는 병든 잎을 따거나 제거하는 것만으로는 완전히 막을 수 없습니다. 아름다운 모습을 유지하기 위해서는 어느 정도의 약제 살포가 필요합니다.

검정장미거위벌레
(학명 *Auletobius uniformis*)

4월 초순~9월

검은무늬병

4월 중순~11월

풍뎅이류

성충 / 5월 초순 ~ 8월
유충 / 9월 초순~11월

장미등에잎벌
(잎벌류)

5월 초순~10월

진드기류

5월 중순~9월

새싹 끝에 꽃봉오리가 보이기 시작할 무렵부터 발생한다. 싹의 끝이 검게 그을린 것처럼 되면서 시들고, 한철 개화성 품종에서는 꽃이 피지 않게 된다. 사철 개화성 식물, 반복 개화성 품종도 통상적인 개화 시기에 꽃이 피지 않게 된다.

꽃봉오리가 커질 무렵부터 장미 가지 내부에서 발생하기 시작한다. 잎에 흑반점이 나타나고 노랗게 변해서 낙엽이 진다. 잎이 떨어지면 장미는 광합성을 할 수 없게 되므로 생육 상태가 눈에 띄게 나빠진다. 내성이 약한 품종을 중심으로 정기적으로 확인하고 조기에 발견할 수 있도록 노력한다. 비가 내리지 않는 장소에서는 잘 발생하지 않는다.

구리풍뎅이(학명 *Anomala cuprea*)와 왜콩풍뎅이(학명 *Popillia japonica*)는 꽃잎이나 잎을 갉아 먹는다. 잎의 피해가 크면 생육이 악화된다. 성충이 겉흙에 산란해서 부화한 유충은 땅속에서 뿌리를 갉아 먹는다. 늦여름에서 초가을에, 갑자기 새싹이 잘 자라지 않고 잎이 노랗게 변해서 낙엽이 지거나 가지가 중심을 잡지 못한다. 화분에 심은 것은 흙이 잘 마르지 않고 진흙처럼 된다.

성충이 가지에 산란하면 그 부분이 찢어지듯이 갈라진다. 초기의 유충은 한 장의 잎에 집단으로 매달려 잎을 갉아 먹는다. 방심하면 장미 전체가 헐벗게 될 정도로 피해를 볼 수도 있다.

잎 뒷면에 미세한 벌레가 군생하면서 즙을 빨아들여 잎이 긁힌 것처럼 된다. 피해가 두드러지면 낙엽이 지기도 하고 거미줄 같은 실을 치기도 한다. 낙엽이 지면 생육 상태가 눈에 띄게 악화한다. 고온에 건조한 환경을 좋아하기 때문에 여름철 베란다에서 피해가 많이 나타난다.

예방과 대책

발생 초기에 새싹의 끝부분을 중심으로 약제를 살포한다. 진딧물과 동시에 발생하는 경우가 많으므로 함께 방제하는 것이 좋다.

병이 발생하면 흑반점이 나타난 잎과 그 주변의 잎을 모두 떼어내고 약제를 살포한다(50~51쪽 참조). 화분에 심은 경우 비를 맞지 않는 장소로 이동하는 것도 효과적이다.

성충은 발견되는 대로 제거한다. 64쪽의 예처럼 유충이 나타나면 옮겨 심거나, 겉흙에 과립제를 뿌려서 방제한다.

발견 즉시 제거하고, 잎 가장자리에 유충이 몰려 있을 경우 가지와 잎을 통째로 제거한다. 발생 초기라면 몇 장의 잎만으로 피해를 억제할 수 있다.

물을 싫어하는 벌레이므로 잎에 가볍게 물을 뿌리는 것만으로도 어느 정도 방제가 가능하다(57쪽 참조). 비가 잘 오지 않는 장소에서는 오히려 주의가 필요하다.

간편하게 사용할 수 있는 스프레이 타입의 약제 살포 방법

스프레이 타입의 약제는 사용하기 전에 내부의 액체가 섞이도록 잘 흔듭니다. 가까이에서 장미 전체에 골고루 분무하고 잎의 뒷면까지 액체가 넘쳐흐를 정도로 뿌립니다. 분무 작업은 바람이 없는 흐린 날 아침이나 저녁 등 기온이 낮은 시간대에 하는 것이 바람직합니다.
질병의 예방과 치료를 위한 살균제와 장미에 붙어 있는 해충을 퇴치하는 살충제가 하나로 합쳐진 스프레이 타입의 약제가 시판되고 있습니다. 시판 스프레이 타입의 약제는 안전성이 높지만 살포할 때 마스크와 장갑, 고글 등을 착용해야 합니다. 또 약제를 살포할 때는 이웃에 피해가 가지 않도록 충분히 신경 써야 합니다.

한 방향만 뿌리는 것이 아니라 반대쪽에서도 꼼꼼하게 분무한다.

도둑나방

(학명 *Mamestra brassicae*)

5월 초순~11월

알락하늘소

(학명 *Anoplophora malasiaca*)

성충 / 5월 하순~7월 초순
유충 / 9월 초순~11월

총채벌레류

(학명 *Thrips*)

5월 초순~9월

장미흰깍지벌레

(학명 *Aulacaspis rosae*)

거의 연중

근두암종병

연중

어린 유충은 잎 뒷면에 무리를 지어 잎의 표피를 남기고 잎살을 먹기 때문에 잎의 표면이 허옇게 비쳐 보인다. 성장한 유충은 한낮에 그루터기에 숨어 있다가 해 질 무렵부터 활동하는데 흩어져서 잎을 먹어치운다.

성충이 그루터기 부근에 알을 낳으면, 알에서 부화한 유충이 7월 이후에 줄기 내부를 갉아 먹는다. 늦게 발견하면 장미가 고사한다. 유충이 숨어 있을 때는 그루터기에 나무 부스러기 같은 똥이 나온다. 성충도 가지의 나무껍질을 먹고 가지를 시들게 한다.

고온 건조한 환경에서 많이 발생한다. 꽃이나 꽃봉오리, 잎에 숨어 있는 벌레가 즙을 빨아들여 꽃잎의 가장자리가 갈색이 되거나 갈색 반점이 나타난다. 이런 꽃은 관상 가치가 두드러지게 떨어진다. 심할 경우 꽃이 피지 않는다. 잎은 변형되어 둥글게 된다.

흰 조개껍데기나 가루 형태의 벌레가 줄기나 가지에 달라붙어 즙을 빨아들인다. 암컷 성충은 쌀보다 작은 둥근 조개껍데기 모양이고, 수컷 2령 유충은 가늘고 긴 모양을 하고 있다. 번식력이 상당히 강해서 제거했을 때 조금이라도 남아 있으면 다시 곧바로 증식해서 원래 상태로 돌아가기 때문에 제거할 때는 철저하게 한다(117쪽 참조).

장미 세포에 세균이 감염되어 울퉁불퉁한 혹이 생기는 병이다. 주로 접목 부분이나 뿌리 등에 발생한다. 혹이 팽창할 때는 에너지가 사용되기 때문에 생육이 느려지지만, 이 병이 원인이 되어 고사에 이르는 일은 적다. 기본적으로 완치가 어렵지만 혹을 깎기만 해도 재발하지 않기도 한다.

발견되는 대로 제거하고, 유충이 잎 뒷면에 무리 지어 있는 경우 가지와 잎을 통째로 제거한다. 성장하면 약제의 효과가 없으므로 가급적 조기에 대처하도록 신경을 써야 한다.

성충은 제거한다. 늦가을 이후 그루터기에 나무 부스러기를 발견하면 구멍을 찾아서 전용 약제를 주입한다. 유충의 침입을 놓치지 않도록 그루터기의 잡초 등을 제거한다.

꽃잎에 산란하므로 시든 꽃과 떨어진 꽃잎은 모두 제거하고 처분해서 벌레의 증식을 막는다. 조기 발견, 대처할 수 있도록 신경 쓴다. 꽃봉오리가 부풀기 시작하면 약제를 살포한다.

암컷 성충은 이동하지 못하므로 칫솔로 문질러서 떨어내고, 재발하지 않도록 약제를 살포한다. 모종을 구입할 때 확인하고 애초에 반입하지 않는 것도 중요하다.

생육에 특별한 문제가 없는 경우에는 상황을 지켜본다. 눈에 띄게 생육이 나쁜 경우에는 새 환경으로 바꾸는데, 이때는 이식할 곳의 용토를 지름과 깊이 모두 40 cm 정도 객토한다.

약제 종류에는 아세페이트(Acephate) 유제, 펜프로파트린(Fenpropathrin) 유제, 아세페이트, 클로티아니딘(Clothianidin) 입제, 테트라코나졸(Tetraconazole) 액제 등이 있다.

NHK 취미 원예 강좌 시리즈 ❶
장미 키우기

초판 1쇄 인쇄 2024년 10월 20일
초판 1쇄 발행 2024년 10월 25일

역은이 NHK 출판사
옮긴이 박유미
일본어판 감수 가와이 다카시
한국어판 감수 박석곤
펴낸이 조승식
펴낸곳 돌배나무
공급처 북스힐
등록 제2019-000003호
주소 서울시 강북구 한천로 153길 17
전화 02-994-0071
팩스 02-994-0073
인스타그램 @bookshill_official
블로그 blog.naver.com/booksgogo
이메일 bookshill@bookshill.com

값 20,000원
ISBN 979-11-90855-44-0